丛书编委会

主　任　周　健

副主任　姜淑敏　边风根　郎红旗

委　员　(按姓名汉语拼音排序)
边风根　陈艾霞　陈建军　陈兴利　冯淑琴
侯　波　胡　斌　黄　虹　姜淑敏　姜玉芬
郎红旗　李会诚　李秀芹　马彦峰　任素勤
邵国成　盛晓东　师玉荣　熊秀芳　杨永红
周　健

"十二五"职业教育国家规划教材
经全国职业教育教材审定委员会审定

中等职业教育教材

无机化学

第二版

秦　川　主编

师玉荣　主审

化学工业出版社

·北京·

内容简介

本教材是根据教育部2020年制定的《中等职业学校化学课程标准》的要求编写的。

本书共分九章，主要内容有物质结构、元素周期律和元素周期表、重要的非金属元素、重要的金属元素、化学基本量及相关计算、化学反应速率和化学平衡、电解质溶液、氧化还原反应和电化学基础、配位化合物简介等。每章的"拓展提升"，可以拓宽学生的视野，有机融入党的二十大精神，激发学生的学习兴趣，使学生树立为祖国的化工事业奋斗的责任感和使命感。

本书主要考虑了初学者的知识基础和学生的认知规律，紧紧围绕中等职业教育人才培养目标，以理论够用为原则，内容简明扼要，通俗易懂，图文并茂，引人入胜，实践性强，理论和实际紧密结合，充分体现了中等职业教育的特点，贴近学生实际。

本书可作为中等职业学校分析检验技术专业或其他化工相关专业的教材，也可作为相关行业岗位培训用书。

图书在版编目（CIP）数据

无机化学/秦川主编 . —2 版 . —北京：化学工业出版社，2024.2（2025.9重印）

ISBN 978-7-122-44576-6

Ⅰ.①无… Ⅱ.①秦… Ⅲ.①无机化学-中等专业学校-教材 Ⅳ.①O61

中国国家版本馆 CIP 数据核字（2023）第 236388 号

责任编辑：刘心怡 窦 臻　　　装帧设计：关 飞
责任校对：王鹏飞

出版发行：化学工业出版社
　　　　　（北京市东城区青年湖南街 13 号　邮政编码 100011）
印　　装：大厂回族自治县聚鑫印刷有限责任公司
787mm×1092mm　1/16　印张 14　彩插 1　字数 235 千字
2025 年 9 月北京第 2 版第 4 次印刷

购书咨询：010-64518888　　　售后服务：010-64518899
网　　址：http://www.cip.com.cn

定　　价：38.00 元

前言

"无机化学"课程是化工类专业课程体系中的一门必修专业基础课程。它在整个课程体系中具有重要地位，不仅要为学生学习有关课程提供理论基础，而且要为以后从事化工、检测检验等方面的工作打基础。

本书自2015年第一版出版以来，在教学过程中发挥了积极作用，受到了广大师生和读者的欢迎。随着职业教育教学形式的发展和变化，中职学校的培养模式发生了较大的变化。为适应新的教学形势，满足教育教学需求，突出职教特色，在化学工业出版社的组织安排下，组织人员对第一版教材进行了修订。

第二版教材在保持第一版的基本结构和编写特色的基础上，参照《中等职业学校化学课程标准》（2020年版）进行了修订。一是发挥本学科独特的育人功能，将立德树人贯穿于课程实施的全过程；二是注重培养学生的学科核心素养，将"宏观辨识与微观探析""变化观念与平衡思想""现象观察与规律认知""实验探究与创新意识""科学态度和社会责任"等核心素养贯穿于教材内容中；三是认真执行国家最新标准，体现科学技术的进步，以达到知识、技能和素质训练统一的目的，展现职业教育教学改革的成果，形成鲜明的职业教育特色。

本教材在编写时力求以学生为主体，充分调动学生的学习积极性和主动性，体现中等职业教育的改革和发展方向。在知识点的选择上，进一步淡化理论，降低难度，做到重视基础、突出应用，设置了带"*"号的选学内容，知识点力求贴近实际，语言简明扼要，通俗易懂；在教材表现形式上力求图文并茂，注重培养学生的学习兴趣；本教材设计了"看一看""练一练""思考与讨论""课堂实验""探究实验""拓展提升"等多种类型的栏目，遵循学生的认知规律，注重寓教于乐，使学生乐学、易学。本次修订补充了若干插图，力求图文并茂；更新了"拓展提升"，删除了一些与教材内容结合不太紧密的材料，适当增加了一些反映化学前沿的资料；优化了课后习题；配套了一些数字化资源，形象地展示原子、分子的微观结构，化学反应中的微观变化和宏观现象，做到科学性和趣味性结合，以激发学生的学习兴趣，启发学生积极思考，让学生更好地领悟化学知识和价值。

全书共分九章，上海信息技术学校秦川任主编，参加编写的有：沈阳化工学校付月

（绪论、第一章），秦川（第二章、第三章、第四章），本溪市化学工业学校孙巍（第五章、第六章、第九章），河南化工高级技工学校李晓英（第七章、第八章），全书由秦川统稿。河南化工高级技工学校师玉荣担任本书主审，提出了许多宝贵意见，在此表示衷心的感谢。

  本书在修订过程中参考了有关文献资料，谨向原作者及相关专家，以及直接或间接提供帮助的朋友们表示感谢。

  由于编写的精力和水平有限，编写时间仓促，本书难免出现不妥之处，恳请广大读者提出批评和建议。

编者

2023 年 8 月

第一版前言

　　"无机化学"是化工类专业课程体系中的一门必修专业基础课程，它在整个课程体系中具有重要地位，不仅要为学生学习有关课程提供理论基础，而且要为以后从事化工、检测检验等方面的工作打基础。本教材在编写时力求以学生为主体，充分调动学生的学习积极性和主动性，体现了中等职业教育的改革和发展方向。在知识点的选择上，注意降低难度，设置了带"＊"号的选学内容，知识点力求贴近实际，语言简明扼要，通俗易懂；在教材表现形式上力求图文并茂，注重培养学生的学习兴趣；本教材设计了"看一看""练一练""思考""课堂实验""学生实验""探究与实践""拓展提升"等栏目，遵循学生的认知规律，注重寓教于乐，使学生乐学、易学。

　　本书为中等职业学校化工、工业分析与检验专业及相关专业的教材，也可以作为相关企业的培训教材和有关人士的参考资料。

　　全书共分九章，由上海信息技术学校秦川任主编，并负责统稿。参加编写的有：沈阳市化工学校付月（绪论、第一章），秦川（第二章、第三章、第四章），本溪市化学工业学校孙巍（第五章、第六章、第九章），河南化工高级技工学校李晓英（第七章、第八章）。河南化工高级技工学校师玉荣担任本书主审，在本书前期的策划及大纲、样章的编写过程中提出宝贵的意见和建议，对保证教材的高质量编写提供了有力的支持。南京化工职业技术学院的王建梅老师和安徽化工学校的张禾茂老师审阅了全部书稿，提出了许多宝贵意见。在此深表谢意。

　　由于编者水平有限，编写时间仓促，本书难免出现不妥之处，恳请读者和教育界同仁不吝赐教，不胜感激！

编者

2015 年 6 月

目录

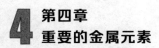

第四章
重要的金属元素
073

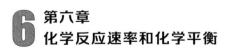

第五章
化学基本量及相关计算

100

第六章
化学反应速率和化学平衡

123

7 第七章
电解质溶液 139

第八章
氧化还原反应和电化学基础　　　　　　　　　　　　　**167**

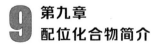 **第九章**
配位化合物简介　　　　　　　　　　　　　　　　　**193**

习题参考答案

附录

参考文献

元素周期表

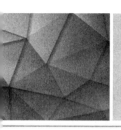

绪论 ➡➡➡

　　化学是在分子、原子层次上研究物质的组成、结构、性质及变化规律的科学，是一门历史悠久而又富有活力的学科，是人类用以认识和改造物质世界的重要方法和手段之一。化学是重要的基础科学之一，是一门以实验为基础的学科，在与物理学、生物学、地理学、天文学等学科的相互渗透中，得到了迅速的发展，也推动了其他学科和技术的发展。化学的成就是社会文明的重要标志，人类在生活和生产中不断享用化学成果。无论是古代的钻木取火，还是现代的衣、食、住、行及健康都离不开它。

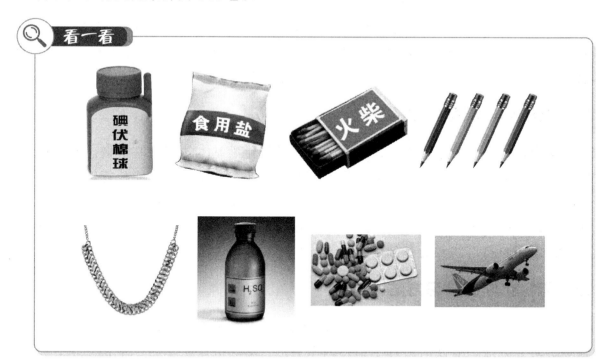

一、无机化学与人类生活

　　无机化学是化学学科中发展最早的一个分支学科，它是研究无机物质的组成、性质、结构和反应的科学。无机物质包括所有化学元素单质，不含碳元素的化合物和其他几种简单的含碳化合物（除二氧化碳、一氧化碳、碳酸、二硫化碳、碳酸盐、KSCN 等简单的含碳化合物仍属无机物质外，其余均属于有机物质）。无机化学的研究对象繁多，涉及元素周期表中的所有元素。

无机化学与人类历史的发展相同，经历了从适应自然、谋求生存过程中对自然世界的认识，到有目的地改造自然、创造新物质、提高生活质量的发展历程。随着化学科学和相关科学的发展，无机化学学科不断地与物理科学、材料科学、生命科学和信息科学等学科交叉和融合，形成了许多重要交叉学科分支。无机化学与有机化学、生物化学的交叉孕育和发展了金属有机化学和生物无机化学；无机化学与物理化学和理论化学的交叉形成了结构化学和理论无机化学，也为能源化学、材料化学和纳米化学的发展提供了理论和物质保证。

化学的发展给人类生活带来了无数便利，也给人类的生存环境带来了污染，无机化学为人类解决能源、环境、生命健康和资源等全球可持续发展的关键问题提供新材料和新技术。无机化学可以为能源材料和物质转化过程提供新材料和新技术手段，为重金属等重要污染物的富集、分离和利用提供关键技术和材料，为水资源的保护和利用提供科学和物质基础，为信息的产生、放大、传输、显示等关键技术提供高性能材料，为稀土、盐湖资源等特有矿产的开发和高效利用提供科学基础和技术保障，为有关国防安全的特种功能材料提供科学基础、新材料和新器件。因此，我们要正确合理地运用化学原理和化学物质，减少污染，保护好人类的生存环境。

二、无机化学课程学习的任务

本课程的任务是通过学习后，能够理解无机化学基本知识、基本概念和基本理论，具备化学运算的基本能力，具备无机化学实验基本操作技能，能够应用基本的化学原理理解、认识生活和工作，树立爱护环境、节约资源、科学生活的理念，形成良好的学习习惯、职业道德和职业规范，为后续专业课程的学习（职业能力的发展）打下扎实的基础。

三、无机化学的学习方法

学习无机化学，首先要正确理解并牢固掌握基本概念、基础理论、基本知识和基本研究方法；要及时整理笔记，列出重点，学会分层次学习、记忆知识；要注意知识条件性、局限性，深入认识化学变化的基本规律；要注意知识的连续性，学会理论联系实际，如学习元素部分知识时，要以元素周期律为基础，以物质的性质为中心，再理解物质存在形态、制备方法、保存方法、检验和用途等内容，使知识既主次分明，又系统、有条理；要养成良好的学习习惯，做好预习、复习，按时完成作业，及时归纳总结，不断提高学习效果。

　　无机化学是一门实验性较强的学科，实验探究是本课程的重要组成部分。通过实验，以学生为主体、教师为主导，进一步认识物质的化学性质，揭示化学变化规律，理解、巩固化学知识，建立化学意识，实现感性认识上升到理性认识的飞跃。因此，要正确操作、仔细观察，认真分析实验现象所反映的实质，提高动手能力和实践能力。

 拓展提升

碳达峰和碳中和

　　2020 年 9 月 22 日，习近平在第七十五届联合国大会一般性辩论上发表重要讲话提到，中国将提高国家自主贡献力度，采取更加有力的政策和措施，二氧化碳排放力争于 2030 年前达到峰值，努力争取 2060 年前实现碳中和。碳达峰与碳中和一起，简称"双碳"目标。

　　碳达峰是指二氧化碳排放量达到历史最高值，然后经历平台期进入持续下降的过程，是二氧化碳排放量由增转降的历史拐点。我国承诺 2030 年前，二氧化碳的排放不再增长，达到峰值之后逐步降低。

　　碳中和是指人为二氧化碳排放量与二氧化碳移除量相平衡的状态。简单讲就是在一定时间内（一般是一年）直接和间接排放的二氧化碳，与通过植树造林、封存利用等方式清除的二氧化碳相互抵消，实现相对"零排放"。

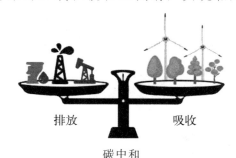

排放　　　吸收

碳中和

　　自 1979 年起，我国逐步推进节能减排工作，积极出台应对气候变化的措施，主动承担起大国责任，为实现人类社会的健康发展作出努力。我国提出"双碳"目标，是中共中央经过深思熟虑作出的重大战略决策，彰显中国应对气候变化、推动构建人类命运共同体的责任担当，充分体现了一个负责任大国对人与自然前途命运的深切关注和主动担当。

第一章
物质结构

随着科学技术的不断发展与提高，人类目前对分子、离子以及物质的内部结构有了明确的认识。

原子是保持物质化学性质的最小微粒。让我们深入到微小的原子内部，认识原子的结构，理解核外电子排布的规律，认识分子内部化学键和分子间作用力，从而进一步认识我们所处的物质世界，了解物质的结构，为后续化学学习奠定基础。

第一节　原子的组成与同位素

学习导航

原子可以构成分子、形成离子或直接构成物质，它是由居于原子中心的带正电的原子核和在核外做高速运动的带负电的电子构成的。元素是具有相同的核电荷数的一类原子的总称，又称为化学元素。本节重点介绍原子的组成及同位素。

看一看

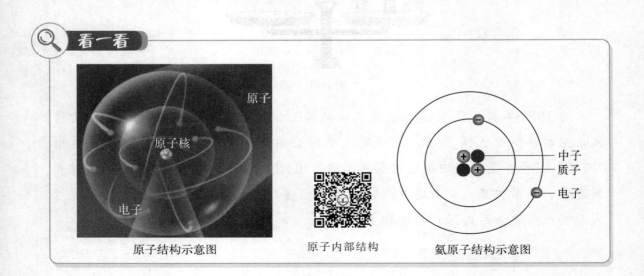

原子结构示意图　　　　原子内部结构　　　　氦原子结构示意图

一、原子的组成

原子可以构成分子、形成离子或直接构成物质。原子非常小，其直径大约有千万分之一毫米，由居于原子中心的带正电的原子核和在核外做高速运动的带负电的电子构成。这些电子绕着原子核高速运动，就像太阳系的行星绕着太阳运行一样。

原子核所带的正电荷数即核电荷数（Z）与原子核外电子所带的负电荷数相等，所以整个原子呈电中性。原子核由质子和中子构成，质子带正电荷，中子不带电荷。所以原子核的正电荷数由质子数决定。

按核电荷数由小到大的顺序给元素编号，所得的序号称为该元素的原子序数。

$$原子序数＝核电荷数＝核内质子数＝核外电子数$$

质子的质量为 $1.6726 \times 10^{-27} \text{kg}$，中子的质量为 $1.6749 \times 10^{-27} \text{kg}$，电子的质量为 $9.109 \times 10^{-31} \text{kg}$。由于电子的质量很小（为质子质量的 1/1836），所以原子的质量主要集中在原子核上。

由于原子的实际质量很小，例如，一个氢原子的实际质量为 $1.674 \times 10^{-27} \text{kg}$，一个氧原子的质量为 $2.657 \times 10^{-26} \text{kg}$，用实际质量来计算一个水分子质量（一个水分子是由两个氢原子和一个氧原子组成的）非常麻烦。因此，国际上规定采用相对原子质量和相对分子质量来表示原子、分子的质量关系，亦可简称为原子量、分子量。

相对原子质量以一个碳-12（原子核内有 6 个质子和 6 个中子的一种碳原子，即 $_{6}^{12}\text{C}$）原子质量的 1/12 作为标准，任何一种原子的平均原子质量跟一个碳-12原子质量的 1/12 的比值，称为该原子的相对原子质量。实验测得，作为原子量标准的 $_{6}^{12}\text{C}$ 的质量是 $1.9927 \times 10^{-26} \text{kg}$，它的 1/12 为 $1.6606 \times 10^{-27} \text{kg}$。据此得到质子的相对质量为 1.007、中子的相对质量为 1.008，具体见表 1-1。

表 1-1　构成原子的三种粒子的基本物理数据

构成原子的粒子		质量/kg	相对质量	电性	电荷量
原子核	质子	1.6726×10^{-27}	1.007	正电	1 个质子带 1 个单位的正电荷
	中子	1.6749×10^{-27}	1.008	不带电	无
核外电子		9.109×10^{-31}	1/1836	负电	1 个电子带 1 个单位的负电荷

质量数（A）是将原子内所有质子和中子的相对质量取近似整数值相加而得到的数值。一个质子和一个中子相对质量取近似整数值时均为 1，则

$$质量数(A) = 质子数(Z) + 中子数(N)$$

例如：氧原子的原子序数为 8，中子数为 8，则质量数为 16。

钠原子的原子序数为 11，质量数为 23，则中子数为 12。

以 X 代表一个质量数为 A，质子数为 Z 的原子，则该原子组成可表示为 $_Z^A X$。例如：

$$_1^1 H \qquad _6^{12} C \qquad _{17}^{35} Cl$$

 **练一练**

求出上述三个原子的中子数 N。

二、同位素

元素是具有相同质子数（即核电荷数）的同一类原子的总称。

人们在研究原子核的组成时，发现同一种元素的原子中质子数相同，但中子数不一定相同。这种具有相同质子数，不同中子数的同一元素的不同原子互称为同位素，如氯元素有 $_{17}^{35} Cl$ 和 $_{17}^{37} Cl$ 两种氯原子。目前人类已经发现的元素种类为 118 种，但是原子种类却高达 2800 种以上。

同一种元素的各种同位素，在元素周期表上占有同一位置。物理性质略有差异，但化学性质几乎相同，因为质子数和核外电子数相同。

自然界中许多元素都有同位素。同位素有的是天然存在的，有的是人工制造的，有的有放射性，有的没有放射性。同位素按其稳定性分为稳定性同位素和放射性同位素。每一种元素都有放射性同位素，有些放射性同位素是自然界中存在的，有些则是用核粒子，如质子、α 粒子或中子轰击稳定的核而人为产生的。

拓展提升

几种常见的同位素及其应用

氢元素：有 $_1^1 H$、$_1^2 H$、$_1^3 H$ 三种同位素，分别称为氕（俗名普氢）、氘（俗名重氢）、氚（俗名超重氢）。它们原子核中都有 1 个质子，但是原子核中分别有 0 个中子、1 个中子及 2 个中子，所以它们互为同位素。$_1^2 H$、$_1^3 H$ 是制造氢弹的材料。

碳元素：有 $^{12}_{6}C$、$^{13}_{6}C$、$^{14}_{6}C$ 等几种同位素。$^{12}_{6}C$ 是作为相对原子质量基准的碳原子；$^{14}_{6}C$ 根据其在古物中的含量来推测文物或化石的年龄。

铀元素：有 $^{234}_{92}U$、$^{235}_{92}U$、$^{238}_{92}U$ 等多种同位素。$^{235}_{92}U$ 是制造原子弹的材料和核反应堆的燃料。

下图为氢弹爆炸后形成的蘑菇云和出土文物。

氢弹爆炸后形成的蘑菇云　　　　　　　　出土文物

第二节　原子核外电子的排布

学习导航

电子的运动不是沿着一定的轨道绕核运动，没有确定的方向和轨迹，而是在原子核周围空间区域内飞速地运转。在多电子原子中，各电子的能量是不同的。本节重点介绍核外电子的运动状态及排布规律。

看一看

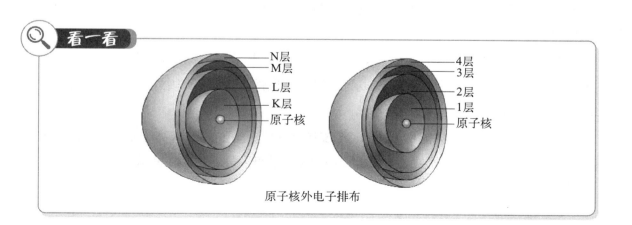

原子核外电子排布

一、核外电子的运动状态

电子云

1. 电子云

电子的运动和常见的宏观物体运动不同，并不是沿着一定的轨道绕核运动，没有确定的方向和轨迹，而是在原子核周围空间区域内飞速地运转，不能确定电子在某一瞬间所处的位置。电子在原子核外空间的某区域内出现，好像带负电荷的云笼罩在原子核的周围，称为电子云。电子云是电子在原子核外空间概率密度分布的形象描述，图 1-1 为氢原子的电子云示意图。

从图 1-1 可以看出，氢原子的电子云呈球形对称。离核较近的区域小黑点比较密集，表示电子在该区域出现的机会较多；离核较远的区域小黑点相对稀疏，表示电子在该区域出现的机会较小。图中的一个个小黑点并不是表示原子核外的一个个电子，氢原子核外只有一个电子在绕原子核运动，这些小黑点形象地表明氢原子核外仅有的一个电子在核外空间出现的概率。

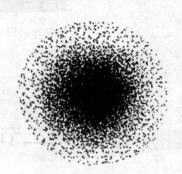

图 1-1　氢原子
电子云示意图

2. 电子层

氢原子核外只有一个电子，但从氦开始的所有元素的原子核外电子数都大于等于 2，属于多电子体。那么这些电子在核外是怎样排布的呢？

在多电子的原子中，各电子的能量是不同的。离原子核较近的区域内运动的电子能量较低，离原子核较远的区域内运动的电子能量较高。根据电子能量的差异和通常运动的区域离原子核远近的不同，将原子核外的电子运动区域分成不同的电子层。

按离原子核由近到远的顺序，依次称为第 1 电子层、第 2 电子层……第 7 电子层。习惯上用字母或序数 n 表示。目前发现的元素原子核外电子最少的为 1 层，最多的为 7 层。

离核越近的电子层能级越低，离核越远的电子层能级越高。$n=1$，即表示离核最近的电子层（K 层），其中的电子能量最低；$n=2$，则表示为第 2 电子层（L 层）；以此类推（见表 1-2）。

表 1-2　电子层的表示方式和能量高低

电子层(n)	1	2	3	4	5	6	7
电子层符号	K	L	M	N	O	P	Q
各电子层能量	能量逐渐递增 →						

二、核外电子的排布规律

1. 排布规律

近代原子结构理论认为，电子总是先占据能量最低的原子轨道，当低能量的轨道占满后，电子才依次进入能量较高的原子轨道。电子在原子核外排布时，要尽可能使电子的能量最低。通常，离核较近的电子具有较低的能量，随着电子层数的增加，电子的能量越来越高。所以，电子是先从内层（第1层）排起的，当内层排满后再排外一层。

核外电子的排布规律：每层最多容纳的电子数为 $2n^2$ 个（见表1-3），其中第1层不超过2个，最外层电子数目不超过8个（K层为最外层时不超过2个）；次外层电子数目不超过18个，倒数第3层电子数目不超过32个。核外电子总是尽先排布在能量最低的电子层里，然后再由里往外依次排布。

表 1-3　每层最多容纳电子数

电子层(n)	1	2	3	4
电子层符号	K	L	M	N
最多容纳电子数($2n^2$)	2	8	18	32

2. 原子结构示意图

通常用原子结构示意图来表示原子核电荷数和电子层的排布（见图1-2）。

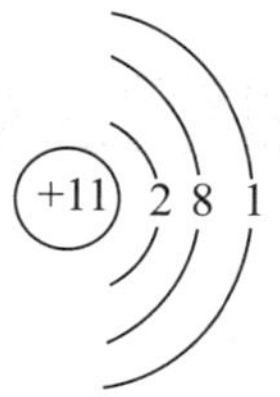

原子结构示意图中的"〇"表示原子核；圈内"＋"号，表示质子所带电荷的性质；圈内数字"11"，表示核内11个质子；圈外弧线，表示电子层，弧线上的数字为该层容纳的电子的数目。图1-2中，钠原子有3条弧线，表示有3个电子层。2、8、1表示第一、第二、第三电子层分别有2个、8个、1个电子。

图 1-2　钠原子结构示意图

原子结构示意图能够简洁、方便地表示原子的结构。1～18号元素的原子结构示意图见图1-3。

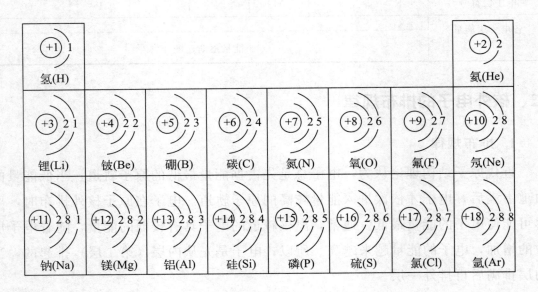

图1-3　1～18号元素的原子结构示意图

思考与讨论

某元素原子结构示意图如下，请问该原子共有几个电子层？最外层电子数比最内层电子数多多少？

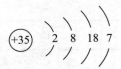

拓展提升

电子的自旋

电子的自旋是电子的基本性质之一。电子在围绕原子核运动的同时，自身在不断地作自旋运动。自旋有两种状态，相当于顺时针和逆时针两种方向。通常用"↑"和"↓"表示不同的自旋状态。

实验证明，电子自旋方向相同的两个电子相互排斥，不能在同一个原子轨道内运动；在同一轨道内运动的电子必须是自旋方向相反的两个电子。

第三节 化学键

📚 **学习导航**

　　人类发现和合成的物质已超过两千万种，而组成这些物质的元素却只有100多种。相邻两个或多个原子（或离子）间强烈的相互作用力即化学键，使元素构成了分子，形成多姿多彩的物质世界。本节重点介绍离子键与共价键。

🔍 **看一看**

氯化钠　　　　　　　　　　水　　　　　　　　　　干冰

👥 **思考与讨论**

　　自然界中物质的种类有两千多万种，而组成这些物质的元素却只有100多种，这些元素是如何相互结合构成了多姿多彩的物质世界呢？

　　分子是保持物质化学性质的一种微粒。分子是由原子构成的，如氯化钠由钠原子和氯原子构成；水分子由氢原子和氧原子构成；干冰分子由碳原子和氧原子构成。是什么使原子结合在一起成为分子？化学中把分子中相邻的两个原子或多个原子之间的强烈的相互作用叫作化学键。本节主要讨论离子键和共价键。

一、离子键

离子键是指阴离子、阳离子间通过强烈的静电作用形成的化学键。

活泼的金属元素与活泼的非金属元素之间较易形成离子键。离子键是由电子转移形成的，原子失去电子形成阳离子，而获得电子形成阴离子。阴离子和阳离子由静电作用相互吸引，同时当它们十分接近时发生排斥，引力和斥力相等时即形成离子键。以离子键结合的化合物称为离子化合物，如 $NaCl$、MgO、CaF_2 等。大多数的盐、碱、活泼金属氧化物中都有离子键。

现以 $NaCl$ 为例解释钠原子与氯原子结合并形成离子键的过程。钠原子的最外层有 1 个电子，氯原子的最外层有 7 个电子，为了达到 8 个电子的稳定结构，钠原子易失去 1 个电子，形成带 1 个单位正电荷的钠离子（Na^+）；氯原子易得到 1 个电子，形成带 1 个单位负电荷的氯离子

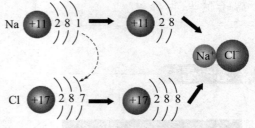

图 1-4　钠原子与氯原子通过离子键结合成 $NaCl$ 的过程

（Cl^-）。由于静电作用 Na^+ 与 Cl^- 相互吸引形成化合物 $NaCl$（见图 1-4）。

二、共价键

1. 共价键的形成

活泼的金属元素与活泼的非金属元素之间，通过电子的得失形成离子键。而非金属元素与非金属元素之间，如 H_2、Cl_2、HCl、O_2、H_2O 等，显然不可能有电子的得失，就只有双方共用电子对形成分子。这种原子间通过共用电子对所形成的化学键，叫作共价键。以共价键形成的化合物叫作共价化合物。

共价键的本质是在原子之间形成共用电子对。现以氯原子为例来分析氯气分子的形成。

两个氯原子的最外层都有 7 个电子，要达到 8 个电子的稳定结构都需要获得 1 个电子，而这两个原子间难以发生电子得失。当这两个氯原子各提供 1 个电子时，形成了共用电子对，从而使两个氯原子都形成了稳定结构，形成了氯分子（见图 1-5）。

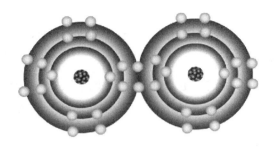

氯(Cl)

图 1-5　两个氯原子以共价键结合成氯分子示意图

思考与讨论

在 H_2、HCl、O_2、H_2O 四种分子中，共价键分别是怎样形成的？

2. 极性键与非极性键

在化合物分子中，不同种原子形成的共价键，由于两个原子吸引电子的能力不同，共用电子对必然偏向吸引电子能力较强的原子一方，因而吸引电子能力较弱的原子一方相对的显正电性，这样的共价键叫作极性共价键，简称极性键。例如，HCl 分子中的 H—Cl 键属于极性键，在 HCl 分子中 Cl 的非金属性比 H 强得多，所以电子明显偏向 Cl，Cl 呈负电性。

在单质分子中，同种原子形成共价键，两个原子吸引电子的能力相同，共用电子对不偏向任何一个原子，因此成键的原子都不显电性。这样的共价键叫作非极性共价键，简称非极性键。氢分子中两个原子间共用一对电子所形成的共价键叫作单键，化学中常用"—"来表示。这种用元素符号和短线表示化合物（或单质）分子中原子的排列和结合方式的式子叫作结构式，例如，氢分子的结构式为H—H。结构式用"—、＝、≡"分别表示 1、2、3 对共用电子。例如，H_2 中 H—H 键、O_2 中 O＝O 键、N_2 中 N≡N 键等都是非极性共价键。"—、＝、≡"分别叫作共价单键、共价双键、共价三键。

在化学反应中元素的原子都有使最外层电子达到稳定结构的趋势。由于原子核对电子吸引力有强有弱而使电子对有所偏移，电子对偏向一方略显负电性，偏离一方略显正电性，相互吸引形成共价化合物，我们把这种现象叫作电子对偏移现象。但作为分子整体仍是电中性。

三、电子式

化学中常在元素符号周围用小黑点"·"或小叉"×"来表示元素原子的最

外层电子。这种表示物质结构的式子叫作电子式。

电子式可用于表示原子、离子、单质分子，也可表示共价化合物、离子化合物及其形成过程。

表示原子时，依据元素的原子最外层电子个数的多少，先用小黑点"·"（或"×"）等符号在元素符号上、下、左、右各表示出 1 个电子，多余的电子配对，如图 1-6 所示。

表示单质分子时，必须正确地表示出共用电子对数，并满足每个原子的稳定结构，如图 1-7 所示。

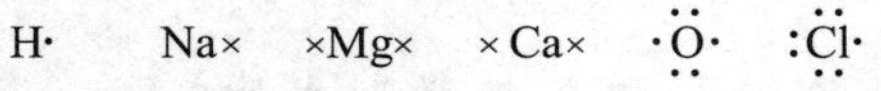

$$H\cdot \quad Na\times \quad \times Mg\times \quad \times Ca\times \quad \cdot\ddot{\ddot{O}}\cdot \quad :\ddot{\ddot{Cl}}\cdot \qquad\qquad H:H \qquad \ddot{\ddot{O}}::\ddot{\ddot{O}} \qquad :N\vdots\vdots N:$$

图 1-6　原子的电子式表示方法 　　　　图 1-7　单质分子的电子式表示方法

表示阳离子时，简单阳离子由于在形成过程中已失去最外层电子，所以其电子式书写方式就是其离子符号本身。例如，Na^+、K^+、Mg^{2+}、Ca^{2+}、Ba^{2+}、Al^{3+}。

表示阴离子时，都应标出电子对，还应加中括号，并在括号的右上方标出离子所带的电荷，如图 1-8 所示。

表示离子化合物时，将组成的阴阳离子拼在一起进行标示，如图 1-9 所示。

$$\left[:\ddot{\ddot{Cl}}\times\right]^- \qquad \left[\times\ddot{\ddot{S}}\times\right]^{2-} \qquad Na^+\left[:\ddot{\ddot{Cl}}:\right]^- \qquad Na^+\left[:\ddot{\ddot{S}}:\right]^{2-}Na^+ \qquad \left[:\ddot{\ddot{Cl}}:\right]^- Mg^{2+}\left[:\ddot{\ddot{Cl}}:\right]^-$$

图 1-8　阴离子的电子式表示方法 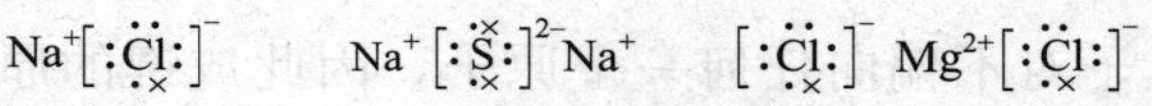　　　　图 1-9　离子化合物电子式表示方法

练一练

用电子式和结构式表示下列物质：
氧化钙、氯化氢、氧气、二氧化碳。

拓展提升

金属键

金属原子最外层电子数比较少，容易失去最外层电子而形成金属阳离子。在金属晶体内部，存在着金属键，它是化学键的一种。由自由电子及排列成晶格状的金属阳离子之间的静电吸引力组合而成。金属易导电，这是为什么呢？

如下图所示，这是因为金属晶体内存在自由移动的电子，在外加电场的作用下发生定向移动，因而形成电流，所以金属可以导电。

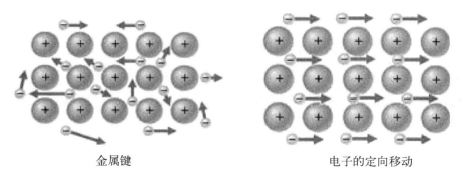

金属键　　　　　　　　　　　　　　电子的定向移动

第四节　无机化学实验基础

📚 **学习导航**

　　化学实验室是提供化学实验条件并进行科学探究的重要场所。实验前要仔细阅读实验室规则，严格按照规则操作，防止发生事故。本节重点介绍无机化学实验室的安全使用标识及基本安全措施。

🔍 **看一看**

（符号：黑色，底色：白色）
毒性气体

（符号：黑色，底色：正红色）
易燃气体

（符号：黑色，底色：白色红条）
易燃固体

（符号：黑色，底色：橙红色）
爆炸性物质或物品

（符号：黑色，底色：白色）
感染性物质

（符号：黑色，底色：上白下黑）
腐蚀性物质

一、化学用品安全使用标识

在化学实验室里，会与有毒性、有腐蚀性、易燃烧和具有爆炸性等的化学药品直接接触，会使用易碎的玻璃和瓷质器皿以及在煤气、水、电等高温电热设备的环境下进行着紧张而细致的工作。因此，同学们必须重视化学实验的安全工作。

进行化学实验时，必须树立安全第一的思想，切忌大意，要做好充分预习，正确、认真地进行操作，严格遵守实验规则，加强安全管理、树立环保意识，熟悉实验中药品和仪器的性能，避免发生事故，维护人身和实验室的安全，确保顺利完成实验。

二、化学实验的基本安全措施

1. 化学实验常用仪器及用途

无机化学实验室内常用的仪器有铁架台、酒精灯、烧杯、试管、等（见图 1-10）。通常会配有化学药品柜，药柜里面装有常用的化学药品（如氢氧化钠、无水硫酸铜等）。

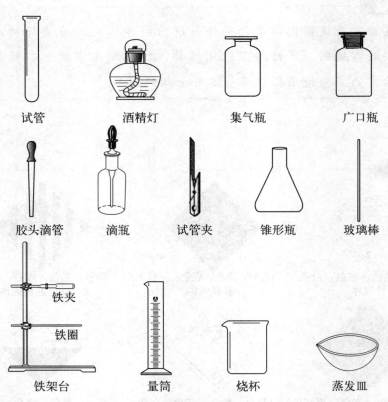

图 1-10　化学实验室常用仪器

试管：少量试剂的反应容器，也可用作收集少量气体的容器，或用于装置成小型气体的发生器。

酒精灯：用于加热。

集气瓶：用于收集或贮存少量气体，也可用作部分反应的反应容器。

广口瓶：瓶口是磨口的，常用于盛放固体试剂，也可用作洗气瓶。

胶头滴管：用于吸取和滴加少量液体。

滴瓶：用于盛放液体药品。

试管夹：用于夹持试管。

锥形瓶：加热液体，也可用于装置气体发生器和洗瓶器，或用于滴定中的受滴容器。

玻璃棒：用于搅拌、过滤或转移液体。

铁架台：用于固定和支持各种仪器，常用于过滤、加热等实验操作。

量筒：量度液体体积。

烧杯：用于溶解固体物质、配制溶液，以及溶液的稀释、浓缩，也可用作较大量的物质间的反应。

蒸发皿：用于溶液的浓缩或蒸干。

2. 药品的取用原则

① 不能用手直接接触药品，不要把鼻孔凑到容器口去闻药品（特别是气体）的气味，不得尝任何药品的味道。

② 节约药品，严格按照实验规定的用量取用药品。一般应该按最少量取用：液体 1～2mL，固体只需盖满试管底部，特殊说明除外。

③ 实验剩余的药品不能放回原瓶，不能随意丢弃，不能带出实验室，要放入指定的容器内。

3. 药品的取用方法

（1）固体的取用方法

① 粉末状：将干燥的试管斜放，把盛有药品的药匙或纸槽送入

药品的取用

试管底部，然后使试管直立起来，让药品落入试管底部（即"一斜、二送、三直立"），见图 1-11。

② 块状：将干燥的试管横放，用镊子将块状固体药品放入试管口，然后慢慢地将试管竖立起来，使块状固体缓缓滑至试管底部（即"一平、二放、三慢竖"）。

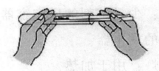

图 1-11　固体粉末送入试管示意图

（2）液体的取用方法

① 倾倒：取下瓶盖，倒放在桌上（以免药品被污染），标签应向着手心（以免残留液流下而腐蚀标签）。拿起试剂瓶，将瓶口紧靠试管口边缘，缓缓地注入试剂，倾注完毕，盖上瓶盖，标签向外，放回原处。

② 液体试剂的滴加（使用胶头滴管）：首先，赶出滴管中的空气，然后吸取试剂。当滴入试剂时，滴管要保持垂直并悬于容器口上方滴加。在滴加过程中，始终保持橡胶头在上，以免被试剂腐蚀。当滴加完毕时，立即用水洗涤干净（滴瓶上的滴管除外）。需注意胶头滴管使用时不能伸入容器中或与器壁接触，否则会造成试剂污染。

③ 定量液体的取用（使用量筒）：视线与刻度线及量筒内液体凹液面的最低点保持水平，当接近读数时用胶头滴管滴加（见图 1-12）。

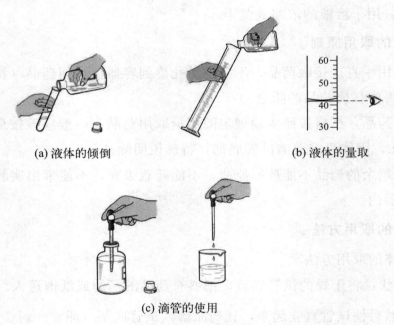

(a) 液体的倾倒　　　　　　　　　　　　　(b) 液体的量取

(c) 滴管的使用

图 1-12　取用液体操作示意图

（3）特殊药品的取用

① 钠和钾等活泼金属应用镊子取出，用小刀按用量切取，用滤纸吸干煤油，余下的放回原瓶。

② 白磷应用镊子夹持住，并用小刀在水下切割。

4. 物质的加热

（1）酒精灯的使用　酒精灯是以酒精为燃料的加热工具，广泛用于实验室、工厂、医疗及科研等场所，其燃烧过程中不会产生烟雾，使用安全可靠。容积有60mL、150mL、250mL等规格。酒精灯由灯体、棉灯绳（棉灯芯）、瓷灯芯、灯帽和酒精五大部分所组成。使用着的酒精灯火焰分为焰心、内焰和外焰三部分，加热温度依次升高。加热时应用外焰加热。

使用注意事项：灯芯要平整，如烧焦或不平整要用剪刀修正；应借助漏斗添加酒精，不超过酒精灯容积的 2/3，且不少于 1/4；绝对禁止向燃着的酒精灯里添加酒精；绝对禁止用酒精灯引燃另一只酒精灯，要用火柴点燃；用完酒精灯，必须用灯帽盖灭，不可用嘴去吹；不要碰倒酒精灯，万一洒出的酒精在桌上燃烧起来，应立即用湿布或沙子扑盖；请勿使酒精灯的外焰受到侧风，一旦外焰进入灯内，将会爆炸，见图 1-13。

图 1-13　酒精灯的使用

（2）给物质加热　加热时仪器的选择：给物质加热时，选择和使用仪器需考虑被加热的物质的状态、量的多少以及加热温度的高低。盛液体的加热仪器有试管、蒸发皿、锥形瓶、烧杯、烧瓶（其中使用锥形瓶、烧杯、烧瓶加热时需要石棉网，容积较大）；盛固体的加热仪器有试管、蒸发皿、燃烧匙、坩埚（其中燃烧匙容积最小）。不允许用酒精灯加热的仪器有集气瓶、量筒、漏斗等。

加热时的注意事项：被加热的玻璃容器外壁不能有水珠，加热前应擦拭干净，然后加热，以免容器炸裂；加热时，玻璃容器的底部不能与灯芯接触；烧得很热的玻璃容器，不能立即用冷水冲洗，否则可能破裂，也不能立即放在实验台上，以免烫坏实验台；给试管里的固体加热，应先进行预热（预热的方法是：在火焰上来回移动试管，对已固定的试管，可移动酒精灯，待试管均匀受热后，再把灯焰固定在放固体的部位加热）；给试管里的液体加热，也要进行预热，同时注意液体体积不能超过试管体积 1/3，加热时，使试管斜一定角度（45°左右），加热时要不时地移动试管，加热时不能将试管口朝着自己和有人的方向（避免试管里的液体沸腾喷出伤人）；试管夹应夹在试管的中上部，手应该持试管夹的长柄部分，在夹持时应该从试管底部往上套，撤除时也应该由试管底部撤出，见图1-14。

图1-14　液体加热操作方法

5. 仪器的洗涤

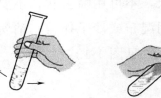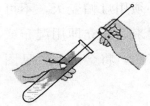

对附有易去除物质的简单仪器，如试管、烧杯等，用试管刷蘸取合成洗涤剂刷洗。在转动或上下移动试管刷时，须用力适当，避免损坏仪器及

图1-15　试管的洗涤方法

划伤皮肤，然后用自来水冲洗，见图1-15。当倒置仪器，器壁形成一层均匀的水膜，无成滴水珠，也不成股流下时，即已洗净。

6. 基本安全措施

在化学实验室中，安全是非常重要的，它常常潜藏着诸如发生爆炸、着火、中毒、灼伤、割伤、触电等事故的危险性，如何来防止这些事故的发生以及万一发生又如何来急救，这些都是每一个化学实验工作者必须具备的素质。

① 安全用电。防止触电，不用潮湿的手接触电器，电源裸露部分应有绝缘装置。实验时，应先连接好电路后才接通电源。实验结束时，先切断电源再拆线路。如有人触电，应迅速切断电源，然后进行抢救。

② 防止火灾。室内若有氢气、煤气等易燃易爆气体，应避免产生电火花。如遇电线起火，立即切断电源，用沙或二氧化碳、四氯化碳灭火器灭火，禁止用水或泡沫灭火器等导电液体灭火。有些物质如磷、金属钠、钾、电石及金属氢化物等，在空气中易氧化自燃；有些金属如铁、锌、铝等粉末，比表面积大也易在空气中氧化自燃，这些物质要隔绝空气保存，使用时要小心。

③ 防毒。操作有毒气体应在通风橱内进行。氰化物、高汞盐、可溶性钡盐、

重金属盐（如镉、铅盐）、三氧化二砷等剧毒药品，应妥善保管，使用时要特别小心。禁止在实验室内喝水、吃东西。饮食用具不要带进实验室，以防中毒。

④ 防爆。使用可燃性气体时，要防止气体逸出，室内通风要良好。严禁将强氧化剂和强还原剂放在一起。

⑤ 防灼伤。强酸、强碱、强氧化剂、溴、磷、钠、钾等都会腐蚀皮肤，特别要防止溅入眼内，如灼伤应及时就医治疗。

*第五节　分子间作用力与分子的极性

学习导航

　　键的极性与分子的极性是两个不同的概念，极性键与极性分子间既有联系又有区别。极性分子一定含有极性键，也可能含有非极性键。含有极性键的分子不一定是极性分子。本节重点介绍分子间作用力、极性分子与非极性分子。

看一看

分子与分子间产生相互作用力

一、分子间作用力

1. 范德华力

存在于分子与分子之间或惰性气体原子间的作用力，称为范德华力（范德瓦耳斯力）。范德华力是存在于分子间的一种吸引力，它比化学键弱得多。一般来说，某物质的范德华力越大，则它的熔点、沸点就越高。对于组成和结构相似的物质，范德华力一般随着相对分子质量的增大而增强。

2. 氢键

氢键的形成

氢原子与电负性大、半径小的原子 X（氟、氧、氮等）以共价键结合，若与电负性大的原子 Y（与 X 相同的也可以）接近，在 X 与 Y 之间以氢为媒介，生成 X—H---Y 形式的一种特殊的分子间或分子内相互作用，称为氢键。X 与 Y 可以是同一种类原子，如水分子之间的氢键。

氢键通常是物质在液态时形成的，但形成后有时也能继续存在于某些晶态甚至气态物质之中。例如，在气态、液态和固态的 HF 中都有氢键存在。能够形成氢键的物质有很多，如水、水合物、氨合物、无机酸和某些有机化合物。图 1-16 表示的是水分子间存在的氢键。氢键的存在，影响到物质的某些性质。

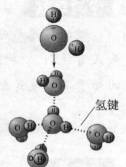

氢键

图 1-16　水分子间的氢键示意图

二、极性分子与非极性分子

分子中正负电荷中心重合，从整个分子来看，电荷分布是均匀的、对称的，这样的分子为非极性分子，例如 H_2、O_2、N_2、CO_2、CH_4 等。分子中各键全部为非极性键时，分子是非极性的（O_3 除外）。当一个分子中各个键完全相同，都为极性键，但分子的构型是对称的，则分子是非极性的（见图 1-17）。

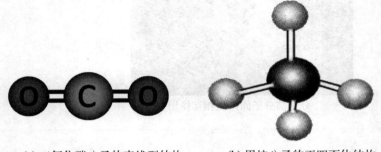

(a) 二氧化碳分子的直线型结构　　(b) 甲烷分子的正四面体结构

非极性分子

图 1-17　多原子形成的非极性分子

分子中正负电荷中心不重合，从整个分子来看，电荷的分布是不均匀的、不对称的，这样的分子为极性分子，例如，NH_3、水分子（见图 1-18）等。以极性键结合的双原子分子一定为极性分子，极性键结合的多原子分子要据其结构而定，例如，CH_4 就是非极性分子。

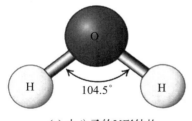
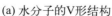
(a) 水分子的V形结构

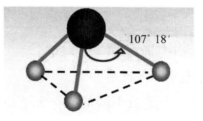

(b) 氨分子的三角锥形结构

极性分子

图 1-18　多原子形成的极性分子

需要注意的是：键的极性与分子的极性是两个不同的概念，极性键与极性分子间既有联系又有区别。极性分子一定含有极性键，也可能含有非极性键。含有极性键的分子不一定是极性分子。若分子中的键全部是非极性的，则该分子是非极性分子。常见类型有：①含有极性键的非极性分子，如 CO_2、CS_2、CH_4 等。②含有非极性键的非极性分子，如 H_2、Cl_2、N_2、O_2 等。③既含极性键又含非极性键的极性分子，如 H—O—O—H 等。④既含极性键又含非极性键的非极性分子，如 H—C≡C—H 等。

拓展提升

居里夫人对放射化学的贡献

玛丽亚·斯克沃多夫斯卡·居里（1867—1934 年），原籍波兰，法国著名科学家、物理学家、化学家。1903 年，居里夫妇和贝克勒尔因其对放射性的研究而共同获得诺贝尔物理学奖，1911 年居里夫人又因发现钋和镭而获得诺贝尔化学奖，成为历史上第一个两次获诺贝尔奖的科学家。

居里夫人的成就包括开创了放射性理论，发明分离放射性同位素技术。为了测得镭的相对原子质量，她与丈夫一起在简陋的实验室里，花了 45 个月的时间，从数吨沥青矿渣中提炼出来 0.1g 氯化镭，并初步测出镭的相对原子质量为 225。在她的指导下，人们第一次将放射性同位素用于治疗癌症。居里夫人是成功女性的先驱，她的典范激励了很多人，她把一生献给了科学事业。居里夫人一生得到的奖金，包括诺贝尔奖奖金，全部用于科研事业和资助贫困学生。

居里夫人

一、原子的组成

1. $\binom{A}{Z}X$ 原子 $\begin{cases} \text{原子核} \begin{cases} \text{质子（}Z\text{ 个）} \\ \text{中子}\left[（A-Z）\text{ 个}\right] \end{cases} \\ \text{核外电子（}Z\text{ 个）} \end{cases}$

2. 质子数相同，中子数不同的同一元素的不同原子互称为同位素。

二、原子核外电子的排布

1. 原子核外电子排布遵循的规律：电子总是先占据能量最低的原子轨道，当低能量的轨道占满后，电子才依次进入能量较高的原子轨道。

2. 原子结构示意图是表示原子核电荷数和电子层排布的图示形式。

三、物质中微粒间的相互作用

作用的类型		产生作用的微粒	作用原理
化学键	离子键	阴、阳离子	强烈的静电作用
	共价键	原子	形成共用电子对
分子间作用力	范德华力	分子	存在于分子间的相互作用
	氢键	水分子等微粒	分子间或分子内形成的静电作用

四、无机化学实验基础

1. 化学用品安全使用标识及化学实验的基本安全措施。

2. 正确进行药品的取用、液体的加热、玻璃仪器的洗涤、振荡操作、量筒读数以及胶头滴管的使用。

✏️ 习题

一、选择题

1. 下列关于原子组成的说法正确的是（　　）。

A. $\begin{smallmatrix}12\\6\end{smallmatrix}C$ 表示碳原子的质量数是 18

B. $\begin{smallmatrix}235\\92\end{smallmatrix}U$ 表示铀原子的质量数是 235，核外有 235 个电子

C. $\begin{smallmatrix}23\\11\end{smallmatrix}Na$ 表示钠原子的质量数是 11，核内有 23 个中子

D. ^2_1H 表示氢原子有 1 个质子，1 个中子和 1 个电子组成

2. 某元素的原子核外有 3 个电子层，最外层有 2 个电子，则该原子核内质子数为 （　　）。

    A. 11　　　　　　　B. 12　　　　　　　C. 13　　　　　　　D. 14

3. 在单质晶体中，一定不存在 （　　）。

    A. 共价键　　　　　B. 离子键　　　　　C. 金属键　　　　　D. 分子间作用力

4. 下列分子中既有离子键又有共价键的是 （　　）。

    A. NaCl　　　　　　B. H_2O　　　　　　C. NaOH　　　　　　D. O_2

5. 下列物质的分子中共用电子对最多的是 （　　）。

    A. N_2　　　　　　B. H_2O　　　　　　C. CO_2　　　　　　D. O_2

6. 下列物质只需要克服范德华力就能沸腾的是 （　　）。

    A. HF　　　　　　　B. H_2O　　　　　　C. CH_3CH_2OH（液）　D. Br_2

7. 下列分子中，由极性共价键构成的非极性分子为 （　　）。

    A. N_2　　　　　　B. H_2O　　　　　　C. CH_4　　　　　　D. NaCl

8. 简单辨认有味化学药品的方法是 （　　）。

    A. 用鼻子对着瓶口去辨认气味　　　　　B. 用舌头品尝试剂

    C. 将瓶口远离鼻子，用手在瓶口上方扇动，稍闻其味即可

9. 如果有化学品进入眼睛，应立即 （　　）。

    A. 滴氯霉素眼药水　　　　　　　　　　B. 用大量清水冲洗眼睛

    C. 用干净手帕擦拭　　　　　　　　　　D. 应立即就医

10. 当实验发生火灾、爆炸等危险事故时，首先应如何处理 （　　）。

    A. 迅速撤离实验室　　　　　　　　　　B. 自己留下来排查事故原因

    C. 打电话求救　　　　　　　　　　　　D. 切断电源

11. 下列实验操作正确的是 （　　）。

    A. 将铁锭投入直立的试管中　　　　　　B. 实验剩余药品要放回原瓶

    C. 给液体加热不得超过试管容积的 2/3　　D. 熄灭酒精灯时用灯帽盖灭

12. 实验桌上因酒精灯打翻而着火时，最便捷的灭火办法是 （　　）。

    A. 用泡沫灭火器　　B. 用水冲熄　　　　C. 用湿抹布盖灭　　D. 用砂土盖灭

13. 下列元素的原子中，最外层电子数是电子层数 2 倍的是 （　　）。

    A. C　　　　　　　　B. N　　　　　　　　C. O　　　　　　　　D. K

14. ^3_1H 的俗名是 （　　）。

    A. 氕　　　　　　　　B. 氘　　　　　　　　C. 重氢　　　　　　　D. 超重氢

15. 下列叙述正确的是 （　　）。

    A. 任何原子的原子核都是由质子和中子构成的

    B. 相同元素原子的质量数一定相等

C. 质子数相同的微粒，其核外电子数也一定相同

D. 质子数决定元素的种类，质子数和中子数决定原子的质量数

二、填空题

1. $^{235}_{92}U$ 中质子数_____，电子数_____，中子数_____，质量数_____，它与 $^{238}_{92}U$ 互为_____。

2. 原子由居于原子中心的_____和_____构成，原子核由_____和_____构成，其中_____带正电，_____带负电。

3. 通常，我们把物质中_____的_____之间存在的_____称为化学键。阴、阳离子之间由于_____所形成的化学键称为离子键。以_____结合的化合物叫作离子化合物。

4. 原子间通过_____所形成的化学键，称为共价键。分子中仅由_____构成的化合物叫作共价化合物，例如_____等。共价键具有空间指向，所以多原子分子具有一定的空间结构，如甲烷分子具有_____结构。

5. 写出下列微粒的结构示意图或电子式。

氟原子的结构示意图_____   硫离子的电子式_____

钠离子的结构示意图_____   氯化氢分子的电子式_____

三、简答题

1. 请写出下列元素的原子结构示意图。

C、N、O、Na、Al、Cl

2. 请说出下列化合物的化学键类型，并用电子式表示下列物质。

$NaCl$、H_2O、O_2、CH_4

四、推断题

A、B、C、D 四种元素，已知 A 元素原子核内只有 1 个质子，B 元素原子核外电子总数恰好与 D 元素原子核外最外层电子数相等，且 D 元素原子核外最外层电子数是次外层电子数的 3 倍，又知 A、B、C、D 元素的原子序数依次增大。据此推知：

（1）A、B、C 和 D 四种元素的名称分别为是：A_____，B_____，C_____，D_____。

（2）A 元素与 C 元素组成的化合物，其分子式可表示为_____。

（3）化合物 A_2D 中存在的化学键为_____（填"极性共价键"或"非极性共价键"）键。写出 A_2D 的结构式：_____。

（4）写出一种由上述四种元素中三种组成的共价化合物的分子式_____。

第二章
元素周期律和元素周期表

物质的种类很多，逐一学习和研究它们是很困难的。为了寻找一种简单明了的形式揭示各元素性质的内在联系，科学家们在元素周期律的基础上制作出了元素周期表。

让我们深入了解原子的核外电子排布规律，掌握元素性质随原子序数变化的周期性规律，从而进一步认识我们所处的物质世界，掌握物质的性质变化规律，初步树立"由量变到质变""内因是事物变化的依据"等辩证唯物主义观点。

第一节　元素周期律

学习导航

随着人们对元素性质、原子结构认识的逐步深入，发现各种元素之间存在着某种内在联系和一定的变化规律。人们按核电荷数由小到大的顺序给元素编号，这种编号叫原子序数。原子序数在数值上和该元素的核电荷数相等。

一、核外电子排布的周期性变化

看一看

原子序数 1～18 号元素原子的核外电子排布

元素名称	原子序数	元素符号	各电子层电子数			
			K	L	M	N
氢	1	H	1			
氦	2	He	2			

元素名称	原子序数	元素符号	各电子层电子数			
			K	L	M	N
锂	3	Li	2	1		
铍	4	Be	2	2		
硼	5	B	2	3		
碳	6	C	2	4		
氮	7	N	2	5		
氧	8	O	2	6		
氟	9	F	2	7		
氖	10	Ne	2	8		
钠	11	Na	2	8	1	
镁	12	Mg	2	8	2	
铝	13	Al	2	8	3	
硅	14	Si	2	8	4	
磷	15	P	2	8	5	
硫	16	S	2	8	6	
氯	17	Cl	2	8	7	
氩	18	Ar	2	8	8	

思考与讨论

根据上表，你能找出 1～18 号元素原子最外层电子数的变化规律吗？

① 原子序数从 1～2 号元素，即从氢到氦，有一个电子层，电子数由 1 增到 2，达到稳定结构；

② 原子序数从 3～10 号元素，即从锂到氖，有两个电子层，最外层电子数

从 1 增加到 8，达到稳定结构；

③ 原子序数从 11～18 号元素，即从钠到氩，有三个电子层，最外层电子数从 1 增加到 8，达到稳定结构；

④ 如果我们对 18 号以后的元素继续研究下去，同样可以发现会重复出现最外层电子数从 1 增加到 8 的情况。

物质的化学变化主要是原子最外层电子的变化。元素原子随原子序数（即核电荷数）的递增最外层电子数依次出现 1 增加到 8 的周期性变化，必然使元素的性质随原子序数的递增呈现出周期性的变化。这个规律叫作元素周期律。

二、原子半径的周期性变化

看一看

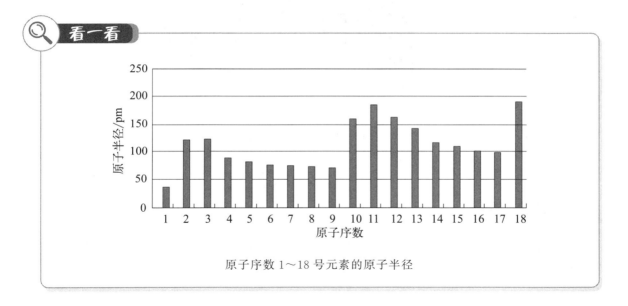

原子序数 1～18 号元素的原子半径

思考与讨论

根据上图，你能找出 1～18 号元素原子半径的变化规律吗？

在图中，若以稀有气体元素 2 号（氦 He）、10 号（氖 Ne）、18 号（氩 Ar）为界，可得以下规律：

① 原子序数从 3～9 号元素，原子半径逐渐减小；

② 原子序数从 11～17 号元素，原子半径逐渐减小；

③ 如果对 18 号以后的元素继续研究下去，同样可以发现，随着原子序数的

递增，元素原子半径发生周期性的变化。

三、元素化合价的周期性变化

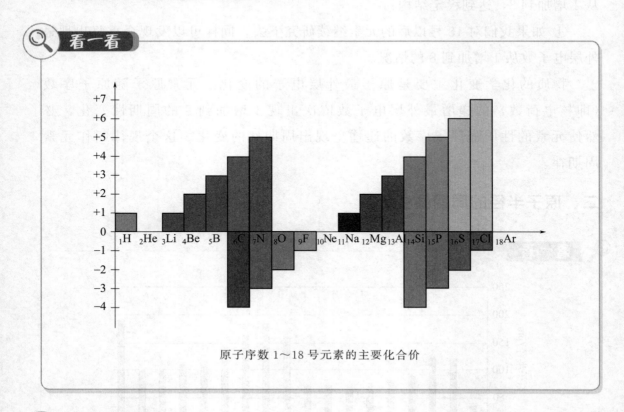

原子序数 1～18 号元素的主要化合价

根据上图，你能找出元素主要化合价（指元素的最高价和最低价）的变化规律吗？

① 原子序数从 11～20 号元素在极大程度上重复着从 3～10 号元素所表现出的化合价的变化，即正价从 +1（Na）逐渐递增到 +7（Cl），以稀有气体零价结束，从中部元素开始有负价，负价从 -4（Si）递变到 -1（Cl）；

② 18 号以后元素的化合价，同样随着原子序数的递增，元素的化合价发生周期性的变化。

如果按原子序数由小到大的顺序排列，可以发现典型金属元素和典型的非金属元素都会周期性重复出现，同样稀有气体元素也会周期性地重复出现。

 **练一练**

1～20号元素中典型的金属元素有＿＿＿＿＿＿＿＿＿＿＿＿＿（写名称），典型的非金属元素有＿＿＿＿＿＿＿＿＿＿，稀有气体元素有＿＿＿＿＿＿＿＿＿＿＿＿＿＿。

　　由以上事实可以归纳出一条规律，即元素的性质随着原子序数的递增而呈现周期性的变化，此规律叫作元素周期律。元素周期律的发现，证明了元素之间由量变到质变的客观规律，揭示了元素之间的内在联系，反映了元素性质与原子结构之间的关系，在哲学、自然科学、生产实践各方面都有重要意义。元素周期表是元素周期律的具体表现形式。

 拓展提升

元素代言人

　　2019年，是门捷列夫于1869年编制的化学元素周期表诞生150周年，被联合国确定为国际化学元素周期表年（IYPT）。2019年同时也是国际纯粹与应用化学联合会（IUPAC）成立100周年。IUPAC与国际青年化学家网络（IY-CN），决定用一种特殊方式庆祝一番！以"青年化学家周期表"的形式，在世界范围内征选产生118位优秀青年化学家，为元素周期表中的118个化学元素代言。入选的青年化学家会在IUPAC官网进行介绍和展示，并获得IUPAC颁发的荣誉证书。值得骄傲的是，中国出现了八位"元素代言人"。他们分别是7号氮（N）元素的代言人雷晓光、16号硫（S）元素的代言人姜雪峰、61号钷（Pm）元素的代言人袁荃、71号镥（Lu）元素的代言人肖成梁、79号元素金（Au）的代言人曾晨婕、80号元素汞（Hg）的代言人刘庄、92号铀（U）元素的代言人王夊凹和100号元素镄（Fm）的代言人侯旭。

　　中国化学会为庆祝2019国际化学元素周期表年，向民众普及化学和"化学元素周期表"的知识和意义，征集了118位青年化学家作为118个化学元素的"代言人"。118位青年化学家组成的"中国青年化学家元素周期表墙"于2019年5月30日在全国科技工作者日正式亮相。

第二节　元素周期表

📁 学习导航

为了寻找一种简单明了的形式揭示各元素性质的内在联系，科学家们在元素周期律的基础上创造出多种形式的元素周期表。1869年，俄国化学家门捷列夫编制了第一张元素周期表，以后人们对其进行了不断地研究和修正。书后所附元素周期表是最常用的一种。

🔍 看一看

| 氯气 |  钻石 |  铜像 |  金饰 |

生活中的物质

👥 思考与讨论

你能快速找出上图中物质的组成元素在元素周期表中的位置吗？

一、元素周期表的结构

1. 周期

周期是具有相同电子层数，按原子序数递增顺序排列成的一个横行的一系列元素。

元素周期表中有7个横行，每个横行为1个周期，故共有7个周期。

$$周期序数＝核外电子层数$$

各周期具有的元素数目并不相同，第1～7周期分别含有2、8、8、18、18、

32、32 种元素。除第 1 周期以外，每个周期都是从最外层电子数为 1 的金属元素开始，以最外层电子数为 8 的稀有气体元素结束。周期的分类可用下列框图表示。

2. 族

元素周期表中共有 18 个列，除 8、9、10 三个列归在一起成一个族外，其余 15 个列，每个列的元素为 1 族。

（1）主族　由短周期元素和长周期元素共同组成的族（又叫 A 族）。

主族共有 8 个，分别用 ⅠA、ⅡA⋯ⅦA、ⅧA 表示。其中ⅧA 是稀有气体元素，化学性质非常不活泼，在通常情况下不发生化学反应，其化合价为零，故ⅧA 又可称为零族。主族的序数与周期表中电子层数的结构关系为：

主族序数＝最外层电子数

例如，处于第ⅦA 族的氯元素，其原子最外层电子数为 7。

（2）副族　完全由长周期元素组成的族（又叫 B 族）。

副族共有 8 个，分别用 ⅠB、ⅡB⋯ⅦB、ⅧB 表示，其中ⅧB 又称Ⅷ族。副族元素又叫过渡元素。

练一练

指出下列元素在周期表中的位置。

（1）氧_____　（2）硅_____

（3）氩_____　（4）铁_____

二、主族元素性质的递变规律

元素的原子半径是元素的一个重要性质，因为原子半径与元素的金属性和非金属性有着十分密切的关系。一般金属元素原子核对核外电子的吸引力较小，原子半径较大，反应中容易失电子；非金属元素原子核对核外电子的吸引力较大，原子半径较小，不容易失去电子。

同一周期或同一主族中，随着原子序数的增大，主族元素的原子半径分别有什么变化规律？

1. 原子半径

（1）在同一周期中，主族元素（ⅧA除外）的原子半径随着原子序数的递增逐渐减小。

这是因为同一周期中主族元素原子的电子层数相同，从左到右，随着原子序数的增大，原子的核电荷数增多，原子核对核外电子的吸引力增大，因而原子半径逐渐减小。

（2）在同一主族中，元素的原子半径随着原子序数的递增逐渐增大。

这是因为同一主族中，元素的原子半径主要决定于电子层数，从上到下，随着原子序数的递增，原子的电子层数逐渐增多，因而原子半径逐渐增大。

2. 主族元素的金属性和非金属性

金属元素的原子倾向于失去电子，非金属元素的原子倾向于得到电子。因此，元素的金属性是指元素的失电子能力；元素的非金属性是指元素的得电子能力。原子的最外层电子数越少，电子层数越多，原子半径越大，原子越容易失电子，元素的金属性越强；元素的最外层电子数越多，电子层数越少，原子半径越小，原子越容易得电子，元素的非金属性越强。

（1）同一周期，从左到右，金属性逐渐减弱，而非金属性逐渐增强（ⅧA除外）。

（2）同一主族，从上到下，金属性逐渐增强，而非金属性逐渐减弱。

练一练

1. 在第3周期中，非金属性最强的元素是_____，原子半径最大的金属元素是_____。

2. 在元素周期表中，非金属性最强的元素是_____，金属性最强的元素是_____。

元素的金属性和非金属性的强弱，还可以通过以下化学性质来判断。

（1）元素的金属性强，则：

① 元素的单质与水或酸反应，置换出氢比较容易。

② 元素的最高价氧化物对应的水化物（氢氧化物）的碱性强。

（2）元素的非金属性强，则：

① 元素的单质与氢气反应，生成气态氢化物比较容易。

② 元素最高价氧化物对应的水化物（含氧酸）的酸性强。

金属钠、金属
钾与水的反应

课堂实验

比较钠、镁、铝金属活动性

1. 取两支试管，加入 3mL 水，分别加入一小粒金属钠和少量镁粉，各滴入两滴酚酞试液，观察现象。将加入镁粉的试管加热至微沸，观察现象。

实验现象：＿＿＿＿＿＿＿＿＿＿＿＿＿＿＿＿＿＿＿＿＿＿＿＿＿＿

2. 取两支试管，分别加入一小块镁带和一小片铝（事先用砂纸打磨去除表面的氧化膜），再分别加入 2mL 2mol/L 的盐酸溶液，观察反应的剧烈程度，观察现象。

实验现象：＿＿＿＿＿＿＿＿＿＿＿＿＿＿＿＿＿＿＿＿＿＿＿＿＿＿

实验结论：＿＿＿＿＿＿＿＿＿＿＿＿＿＿＿＿＿＿＿＿＿＿＿＿＿＿

＿＿＿＿＿＿＿＿＿＿＿＿＿＿＿＿＿＿＿＿＿＿＿＿＿＿＿＿＿＿＿＿

表 2-1 列出了第三周期的元素及其化合物性质的递变规律，从中我们可以知道，在同一周期中，从左到右，主族元素最高价氧化物对应水化物的碱性逐渐减弱，酸性逐渐增强；它们的气态氢化物的热稳定性逐渐增强。

表 2-1 11～18 号元素及其化合物性质递变规律

原子序数	11	12	13	14	15	16	17	18
元素符号	Na	Mg	Al	Si	P	S	Cl	Ar
原子半径/pm	186	163	143	117	110	102	99	191
金属性非金属性	活泼金属	活泼金属	金属	非金属	非金属	较活泼非金属	活泼非金属	稀有气体
最高价氧化物对应的水化物	NaOH	$Mg(OH)_2$	$Al(OH)_3$	H_2SiO_3	H_3PO_4	H_2SO_4	$HClO_4$	
水化物的酸碱性	强碱性	碱性	两性	弱酸性	酸性	强酸性	最强酸	
气态氢化物				SiH_4	PH_3	H_2S	HCl	
热稳定性比较				很不稳定	不稳定	较稳定	稳定	

练一练

1. 元素周期表中最强含氧酸是_____，最稳定的气态氢化物是_____。

2. 比较下列物质的酸碱性（填"＞"或"＜"）。

酸性：H_2SiO_3_____H_2CO_3　　H_3PO_4_____H_2SO_4

碱性：LiOH_____NaOH　　$Mg(OH)_2$_____$Al(OH)_3$

3. 主族元素化合价

化合价是元素重要的性质，决定了元素形成化合物的组成。

元素的化合价与电子层结构有密切关系，特别是与最外层上的电子数有密切关系。主族元素的最高正化合价是它达到8电子稳定结构所转移出的电子数；最低负化合价是它达到稳定结构所转移进的电子数。

（1）主族元素最高正化合价＝主族序数＝最外层电子数

（2）主族元素最低负化合价＝最高正化合价－8

拓展提升

稀土元素

稀土元素是元素周期表中的ⅢB族中的钪（Sc）、钇（Y）和镧系元素共17种元素的总称。在自然界中，这17种元素共生在同一矿物中。事实上稀土元素在地壳中含量并不稀少，约占地壳含量的0.016％。只是它们在地壳中的分布比较分散，在矿物中又共生在一起，因此分离起来十分困难。

稀土元素被誉为"工业维生素"或"21世纪的黄金"，因为稀土元素只需极少量，就能显著改变材料的性能。例如，在铝中加入千分之几的钪，就能显著提升铝合金在高温下强度、结构稳定性、抗腐蚀性等方面的性能。稀土具有优异的光、电、磁、超导、催化等物理性能，能与其他材料组成性能各异、品种繁多的新型材料，因此被广泛应用于冶金、军事、石油化工、玻璃陶瓷、农业和新材料等领域。

国家最高科学技术
奖获得者——徐光宪

中国化学家徐光宪（1920—2015 年）所创立的"串级萃取理论"在稀土工业得到了普遍应用，引导了我国稀土分离科技和产业的全面革新，为稀土功能材料和器件的发展提供了物质保证，使我国实现了从稀土资源大国到生产和应用大国的飞跃，极大地提升了我国稀土产业的国际竞争力。

探究实验　同周期同主族元素性质递变规律

一、同周期元素性质递变规律

实验设计 1：镁、铝与盐酸的反应

取两支试管，分别加入一小块镁带和一小片铝（事先用砂纸打磨去除表面的氧化膜），再分别加入 2mL 2mol/L 的盐酸溶液，观察反应的剧烈程度，并填写表 2-2。

表 2-2　镁、铝与盐酸的反应

项目	Mg	Al
现象		
化学反应方程式		
结论		

实验设计 2：氢氧化镁、氢氧化铝与碱的反应

（1）取一支试管，加入 2mL 1mol/L 的 $MgCl_2$ 溶液，再逐滴加入 2mL 2mol/L 的 NaOH 溶液，把生成的混合溶液等分于两支试管中，分别加入 2mol/L 的 NaOH 溶液和稀盐酸溶液，并填写表 2-3。

表 2-3　$Mg(OH)_2$ 的性质

项目	加入 NaOH	加入稀盐酸
现象		
化学反应方程式		
结论		

（2）取一支试管，加入 2mL 1mol/L 的 $AlCl_3$ 溶液，再逐滴加入 3mL 2mol/L 的 NaOH 溶液，把生成的混合溶液等分于两支试管中，分别加入 6mol/L 的 NaOH 溶液和 2mol/L 盐酸溶液，并填写表 2-4。

表 2-4　$Al(OH)_3$ 的性质

项目	加入 NaOH	加入稀盐酸
现象		
化学反应方程式		
结论		

实验设计 3：H_2SO_4 和 H_3PO_4 酸性强弱的比较

（1）用精密 pH 试纸分别测 0.1mol/L 的 H_2SO_4 和 H_3PO_4 的 pH 值。

实验现象：$pH(H_2SO_4)=$ _____　　　$pH(H_3PO_4)=$ _____

实验结论：_____

（2）取两支试管，分别加入 2mL 0.1mol/L 的 H_2SO_4 和 H_3PO_4，各加入一颗锌粒，并填写表 2-5。

表 2-5　H_2SO_4 和 H_3PO_4 的酸性

项目	H_2SO_4	H_3PO_4
pH 值		
现象		
化学反应方程式		
结论		

二、同主族元素性质递变规律

实验设计 1：取三支试管，分别加入 1mL 1mol/L 的 NaCl 溶液、NaBr 溶液和 NaI 溶液，然后分别加入 1mL 新制氯水和溴水，再加入 1mL CCl_4 溶液，充分振荡，并填写表 2-6。

表 2-6　NaCl、NaBr 和 NaI 溶液分别与新制氯水和溴水的反应

项目	新制氯水	溴水
现象		
化学反应方程式		
结论		

实验设计 2： HNO_3 和 H_3PO_4 酸性比较。

用精密 pH 试纸分别测 $0.1mol/L$ HNO_3 和 H_3PO_4 的 pH 值。

实验现象：$pH(HNO_3)=$ _____ $pH(H_3PO_4)=$ _____

实验结论：_____

本章小结

一、元素周期律

元素性质随着原子序数（核电荷数）的递增而呈现周期性变化的规律叫作元素周期律。

二、元素周期表

1. 元素周期表的结构：7 行 18 列；7 个周期、8 个主族、8 个副族。

2. 元素周期表和原子结构的关系

周期序数＝核外电子层数

主族序数＝最外层电子数＝该族元素的最高正化合价

3. 元素周期表中元素性质的递变规律

（1）同一周期，从左到右，金属性逐渐减弱，而非金属性逐渐增强。

（2）同一主族，从上到下，金属性逐渐增强，而非金属性逐渐减弱。

习题

一、选择题

1. 元素性质呈现周期性变化的根本原因是（　　）。

A. 原子半径呈周期性变化　　　　　　B. 元素化合价呈周期性变化

C. 电子层数逐渐增加　　　　　　　　D. 元素原子的核外电子排布呈周期性变化

2. 元素周期表中，第 2、3、4 周期元素的数目分别是（　　）。

A. 2、8、8　　　　B. 8、8、8　　　　C. 8、8、18　　　　D. 8、18、32

3. 下列元素中，紧靠元素周期表中金属和非金属分界线的是（　　）。

A. Si　　　　　　　B. S　　　　　　　C. P　　　　　　　D. Se

4. 下列关于元素周期表和元素周期律的说法错误的是（　　）。

A. Li、Na、K 元素的原子核外电子层数随着核电荷数的增加而增加

B. 第二周期元素从 Li 到 F，非金属性逐渐增强

C. 因为 Na 比 K 容易失去电子，所以 Na 比 K 的还原性强

D. O 与 S 为同主族元素，且 O 比 S 的非金属性强

5. 具有相同电子层数、原子序数相连的三种元素 X、Y、Z，最高价氧化物对应水化合的酸性相对强弱是：$HXO_4 > H_2YO_4 > H_3ZO_4$，则下列判断正确的是（   ）。

A. 气态氢化物的稳定性：$HX < H_2Y < H_3Z$（或 ZH_3）

B. 非金属活泼性：$Y < X < Z$

C. 原子最外层上的电子数关系：$Y = (X + Z)/2$

D. 原子半径：$X > Y > Z$

二、填空题

1. ＿＿＿＿＿＿＿＿＿＿＿是元素周期律的具体体现形式。＿＿＿＿＿＿国化学家＿＿＿＿＿＿＿绘制了第一张元素周期表。

2. 同一主族的元素，从上到下，金属性逐渐＿＿＿＿＿＿＿，非金属性逐渐＿＿＿＿＿＿＿；同一周期的主族元素从左到右，金属性逐渐＿＿＿＿＿＿＿，非金属性逐渐＿＿＿＿＿＿＿。金属性最强的元素位于周期表＿＿＿＿＿＿＿方，非金属最强的元素位于周期表＿＿＿＿＿＿＿方。

3. 元素周期表中横行称为＿＿＿＿＿，列称为＿＿＿＿＿。元素周期表中共有＿＿＿＿＿＿＿个周期，其中第＿＿＿＿＿＿＿＿＿周期称为短周期，第＿＿＿＿＿＿＿＿＿周期称为长周期。元素周期表中共有＿＿＿＿＿＿个主族，其中＿＿＿＿＿＿＿又称为零族。

4. 卤族元素的原子最外层上的电子数是＿＿＿＿＿＿，其中，非金属性最强的是＿＿＿＿＿＿。卤素的最高价氧化物对应水化物的通式是＿＿＿＿＿＿（以 X 表示卤素）。

5. 短周期主族元素 A、B、C、D 的原子序数依次增大，其中 A、C 同主族，B、C、D 同周期，A 原子的最外层电子数是次外层电子数的 3 倍，B 是短周期元素中原子半径最大的主族元素，D 质子的最外层电子数为 7。试回答下列问题：

（1）A 的元素符号＿＿＿＿＿＿＿＿；D 的原子结构示意图是＿＿＿＿＿＿＿＿＿＿。

（2）写出元素 B 和 C 形成化合物的化学式＿＿＿＿＿＿＿＿＿＿。

6. 根据原子结构和元素周期律，116 号元素（鉝，Lv）处于周期表中＿＿＿＿＿＿＿周期，第＿＿＿＿＿＿＿族；原子核外有＿＿＿＿＿＿＿个电子层，最外层有＿＿＿＿＿＿＿个电子；它是＿＿＿＿＿＿（填"金属""非金属"或"稀有气体"）元素。

三、综合题

世界 118 位优秀青年化学家，形成了一张"青年化学家元素周期表"，其中包括 8 位中国青年化学家。雷晓光、姜雪峰和刘庄分别为 N、S、Hg 元素的代言人。元素周期表中汞元素信息及汞原子结构示意图如图所示，请完成下列填空。

80	Hg
汞	
200.6	

（1）画出 S 的原子结构示意图＿＿＿＿＿＿，在化学反应中硫原子容易＿＿＿＿＿（填"得到"或"失去"）电子。

（2）氮元素位于元素周期表第＿＿＿＿周期，第＿＿＿＿主族。

（3）汞属于＿＿＿＿（填"金属""非金属"或"稀有气体"）元素；根据图中信息可推知，汞原子的核电荷数为＿＿＿＿＿＿，$x =$＿＿＿＿＿＿，汞元素位于元素周期表第＿＿＿＿周期。

第三章
重要的非金属元素

在人类已经发现的 118 种元素中，除掉金属元素和稀有气体元素，非金属元素只有 17 种。其中除了氢元素位于周期表左上角外，其余非金属元素都位于右方或上方。虽然非金属元素的种类相对比较少，但它们的单质和化合物种类很多，为人类提供了大量生产、生活所必需的物质。这些物质性质各异，掌握了它们的性质，既可以使它们更好地为人类服务，又可以防止它们对于人类可能造成的危害。

研究非金属元素、单质及其重要化合物的性质，有着非常重要的价值和意义。

第一节　卤　　素

学习导航

元素周期表中ⅦA 包括氟（F）、氯（Cl）、溴（Br）、碘（I）、砹（At）、𫓧（Ts）六种元素，统称为卤族元素，简称卤素。其中砹为放射性元素，在自然界中含量很少。𫓧为人工合成的放射性元素，在自然界中并不存在。它们最外层电子数都为 7 个，反应时容易得到 1 个电子显示出非金属性。本节重点介绍氯元素及其化合物的性质。

看一看

氯气和氯水　　　　　　液氯　　　　　　闻氯气的方法

一、氯气

1. 氯气的物理性质

氯气是黄绿色、有刺激性气味的有毒气体，吸入少量氯气会使呼吸道黏膜受刺激，引起胸部疼痛和咳嗽；吸入大量氯气就会中毒致死。氯气能溶于水，通常1体积水能溶解2.5体积氯气，氯气的水溶液叫作"氯水"。氯气易液化，工业上称为"液氯"，贮存于涂有草绿色高压钢瓶中。

2. 氯气的化学性质

氯气是一种化学性质很活泼的非金属单质，能与许多物质发生化学反应。

（1）与金属单质反应　氯气能和大多数金属反应，生成高价的金属氯化物。

$$2Na + Cl_2 \xrightarrow{\text{点燃}} 2NaCl$$

$$2Fe + 3Cl_2 \xrightarrow{\text{点燃}} 2FeCl_3$$

（2）与氢气反应

$$H_2 + Cl_2 \xrightarrow{\text{点燃}} 2HCl$$

（3）与水反应　氯气溶于水后，一部分与水反应生成盐酸和次氯酸（HClO）。

$$H_2O + Cl_2 \longrightarrow HCl + HClO$$

次氯酸（HClO）不稳定，见光会分解，所以氯水要避光保存。

$$2HClO \xrightarrow{\text{光}} 2HCl + O_2\uparrow$$

次氯酸是一种强氧化剂，有漂白和杀菌能力。自来水常用氯气（在1L水中通入约0.002g氯气）进行杀菌消毒；纸浆或者布匹常用氯气来漂白。

> **思考与讨论**
>
> 干燥的氯气有杀菌消毒作用吗？

（4）与碱反应　常温下，氯气能与碱发生反应生成金属氯化物和次氯酸盐。

$$2NaOH + Cl_2 \longrightarrow NaCl + \underset{\text{次氯酸钠}}{NaClO} + H_2O$$

实验室制取氯气时，常用氢氧化钠溶液吸收多余的氯气。次氯酸盐比次氯酸稳定，贮存方便，因此常用次氯酸盐做漂白液。

工业上利用氯气和石灰乳为原料制取漂白粉。

$$2Ca(OH)_2 + 2Cl_2 \longrightarrow CaCl_2 + Ca(ClO)_2 + 2H_2O$$

次氯酸钙

漂白粉有效成分为 $Ca(ClO)_2$，它通常用于家庭、医院及公共场所的消毒剂。

氯气化学性质活泼，能与很多物质起反应，所以它是一种重要的化工原料。氯气除了用于制漂白粉和盐酸外，还用于制造塑料、橡胶、农药和有机溶剂等（见图 3-1）。

(a) 漂白粉　　　　　(b) 有机溶剂二氯甲烷

图 3-1　氯气的用途

3. 氯气的制法

（1）在实验室，氯气常用二氧化锰与浓盐酸反应制取，如图 3-2 所示。

$$MnO_2 + 4HCl(浓) \xrightarrow{\triangle} MnCl_2 + 2H_2O + Cl_2 \uparrow$$

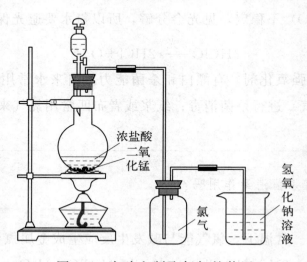

浓盐酸
二氧化锰

氯气

氢氧化钠溶液

图 3-2　实验室制取氯气的装置

（2）工业上，氯气用电解饱和食盐水溶液的方法制取，同时能得到烧碱和氢气。

二、氯化氢及盐酸

1. 物理性质

氯化氢是无色的、有刺激性气味的有毒气体，它极易溶解于水，在 0℃ 时，1 体积水能溶解约 500 体积的氯化氢气体。氯化氢气体的水溶液就是盐酸。

盐酸是工业三大强酸之一，纯净的盐酸是无色有刺激性气味的液体，有较强的挥发性。因此打开浓盐酸的瓶子，会发现瓶口有白雾。工业用的盐酸因含有 $FeCl_3$ 等杂质而略带黄色。市售浓盐酸的密度为 $1.19g/cm^3$，含 HCl 约 37%，物质的量浓度约为 12mol/L。

2. 化学性质

盐酸是强酸，具有酸的通性。能与金属活动性顺序中氢以前的金属发生置换反应，能和碱、碱性氧化物和有些盐溶液发生复分解反应。

$$2HCl + Zn \longrightarrow ZnCl_2 + H_2 \uparrow$$

$$6HCl + Fe_2O_3 \longrightarrow 2FeCl_3 + 3H_2O$$

$$HCl + AgNO_3 \longrightarrow HNO_3 + AgCl \downarrow$$

盐酸是重要的化工原料，用途非常广泛。包括家居清洁（如洁厕灵）、食品添加剂、除锈、皮革加工、制药（如盐酸硫胺）等。此外，人胃里含有少量盐酸（约为 0.05%），能促进消化和杀死一些病菌。医药上用极稀的盐酸溶液治疗胃酸过少。

三、卤素的性质比较

1. 物理性质比较

氟、氯、溴、碘在自然界中都以化合态存在，它们的单质都是双原子分子。卤素的一些物理性质的比较，如表 3-1 所示。

表 3-1　卤素物理性质比较

元素名称	元素符号	单质	颜色和状态	熔点/℃	沸点/℃	溶解度(20℃)/(g/100gH₂O)
氟	F	F_2	淡黄色气体	−219	−188	分解水
氯	Cl	Cl_2	黄绿色气体	−101	−34	0.732
溴	Br	Br_2	深红棕色液体	−7	59	3.58
碘	I	I_2	紫黑色固体	113	184	0.029

从表 3-1 中可以看出，氟、氯、溴、碘单质的颜色逐渐加深，状态由气态→液体→固体，熔点、沸点逐渐升高。这是因为随着原子序数的递增，分子间的作

用力随之增强，克服分子间力使物质熔化或汽化所需能量也随之增加。

所有卤素单质都具有刺激性气味，强烈刺激眼、鼻、气管等黏膜，吸入较多蒸气会发生严重中毒，甚至死亡。其毒性从碘到氟依次增强。

2. 化学性质比较

卤素原子最外层电子数都为 7 个，在发生化学反应时易得到 1 个电子而形成 8 个电子的稳定结构，呈现出典型的非金属性。因此，它们的化学性质相似。如都能和金属反应生成金属卤化物，能和氢气反应生成气态氢化物，能与水反应等。不过，它们的化学性质也表现出有规律的差异性，如表 3-2 所示。

表 3-2　卤素单质的化学性质比较

单质	与金属反应	与氢气反应	与水反应	活泼性比较
F_2	常温下能与所有金属反应	低温、暗处剧烈化合而爆炸	强烈分解水，释放出 O_2	非金属性依次减弱
Cl_2	能和所有金属反应，有些反应要加热	强光照射下剧烈化合而爆炸	在日光照射下，缓慢释放出 O_2	
Br_2	加热时会与一般金属反应	高温下缓慢化合	比氯微弱	
I_2	在较高温度时只与一般金属反应	持续加热时慢慢化合	比溴微弱	

随着核电荷数的增加，卤素原子电子层数逐渐增多，因此原子半径逐渐增大，得到电子倾向也逐渐减小，因此卤素单质的活泼性顺序为：$F_2 > Cl_2 > Br_2 > I_2$。

课堂实验

1. 取两支试管，分别加入 2mL NaBr 和 KI 溶液，再分别加入少量新制氯水，用力振荡，再加入少量 CCl_4，观察现象。

实验现象：＿＿＿＿＿＿＿＿＿＿＿＿＿＿＿＿＿＿＿＿＿＿＿＿＿＿＿

2. 取两支试管，分别加入 2mL NaCl 和 KI 溶液，再分别加入少量溴水，用力振荡，再加入少量 CCl_4，观察现象。

实验现象：＿＿＿＿＿＿＿＿＿＿＿＿＿＿＿＿＿＿＿＿＿＿＿＿＿＿＿

溶液颜色的变化，说明氯可以把溴和碘从它们的盐溶液里置换出来，溴可以把碘从它的盐溶液里置换出来，但是不能把氯置换出来。

$$2NaBr + Cl_2 \longrightarrow 2NaCl + Br_2$$

$$2KI + Cl_2 \longrightarrow 2KCl + I_2$$

$$2KI + Br_2 \longrightarrow 2KBr + I_2$$

可见，氯比溴活泼，溴比碘活泼。科学实验证明，氟的性质比氯、溴、碘更活泼。即非金属性：$F_2 > Cl_2 > Br_2 > I_2$。

3. 卤离子（X^-）的检验

卤离子常用硝酸银（$AgNO_3$）溶液来检验。

课堂实验

取三支试管，分别加入 NaCl、NaBr 和 KI 溶液，各加入几滴 $AgNO_3$ 溶液，观察试管中沉淀的生成和颜色。再在试管中各加入少量稀硝酸，观察现象。

$$NaCl + AgNO_3 \longrightarrow NaNO_3 + AgCl\downarrow$$
$$NaBr + AgNO_3 \longrightarrow NaNO_3 + AgBr\downarrow$$
$$KI + AgNO_3 \longrightarrow KNO_3 + AgI\downarrow$$

$AgCl$、$AgBr$、AgI 分别是白色沉淀、淡黄色沉淀和黄色沉淀，且都不溶于稀硝酸。因此，可以用 $AgNO_3$ 溶液和稀硝酸来检验卤离子。

拓展提升

对抗"新冠病毒"之 84 消毒液

2020 年，新型冠状病毒席卷全球，杀菌消毒效果理想而又价格低廉的 84 消毒液一下子又走进了大众视野。84 消毒液不仅可以杀菌消毒而且具有一定的漂白性。

1984 年，地坛医院的前身北京第一传染病医院研制出一种能迅速杀灭各类肝炎病毒的消毒液，经原北京市卫生局组织专家鉴定，授予应用成果二等奖，定名为"84"肝炎洗消液，后更名为"84 消毒液"。

84 消毒液

84 消毒液主要成分为次氯酸钠（NaClO），为无色或淡黄色液体，有效氯含量通常为 5.5%～6.5%。次氯酸钠溶液遇到空气中的二氧化碳，会发生化学反应生成次氯酸（HClO），其方程式如下。

$$NaClO + CO_2 + H_2O \longrightarrow NaHCO_3 + HClO$$

生成的次氯酸具有极强的氧化性，可以使病毒的核酸结构发生氧化作用，从而杀灭病毒。

84 消毒液对新型冠状病毒具有很好的杀灭作用，但使用时一定要按规定稀释后使用。一般消毒时应该以 1∶100 稀释。84 消毒液对人体有一定的健康危害，而且容易产生有毒的氯气，故做稀释操作时最好佩戴防护口罩和手套。

探究实验　卤素及其化合物的性质

一、卤素单质的性质

实验设计 1：氯水的漂白性

取一小块深色棉布置于表面皿上，滴加新制氯水，观察布条的颜色变化。

实验现象：＿＿＿＿＿＿＿＿＿＿＿＿＿＿＿＿＿＿＿＿＿＿＿＿＿＿＿

实验结论：＿＿＿＿＿＿＿＿＿＿＿＿＿＿＿＿＿＿＿＿＿＿＿＿＿＿＿

实验设计 2：碘的特性反应

取两支试管，各加入 2mL 淀粉溶液，然后向其中一支试管中滴入 KI 溶液，另一支试管中则滴入碘水，观察颜色变化。

实验现象：＿＿＿＿＿＿＿＿＿＿＿＿＿＿＿＿＿＿＿＿＿＿＿＿＿＿＿

实验结论：＿＿＿＿＿＿＿＿＿＿＿＿＿＿＿＿＿＿＿＿＿＿＿＿＿＿＿

实验设计 3：Cl_2、Br_2、I_2 的溶解性

取三支试管，分别加入新制氯水、溴水和碘水，观察三支试管中溶液的颜色。然后向上述试管中各滴入少量 CCl_4，振荡，静置并观察试管中水层和 CCl_4 层的颜色，填写表 3-3。

表 3-3　Cl_2、Br_2、I_2 的溶解性

项目	氯水	溴水	碘水
溶液颜色			

项目		氯水	溴水	碘水
加入 CCl₄ 后	水层			
	CCl₄ 层			
结论				

二、卤离子的检验

取三支试管，分别加入 2mL NaCl、NaBr、KI 溶液，然后向三支试管中各加入 3 滴 AgNO₃ 溶液，观察沉淀的颜色；再向试管中各加入 5 滴稀 HNO₃，观察沉淀是否溶解，并填写表 3-4。

表 3-4　卤离子的检验

项目	NaCl	NaBr	KI
加入 AgNO₃			
加入稀 HNO₃			
化学方程式			
结论			

三、请自行设计实验方案

①验证氯、溴、碘非金属性的递变规律，②鉴别三种白色固体：NaCl、Na₂CO₃、NaNO₃。

第二节　氧和硫

学习导航

元素周期表中ⅥA包括氧（O）、硫（S）、硒（Se）、碲（Te）、钋（Po）、鉝（Lv）六种元素，统称为氧族元素。其中钋为放射性元素，鉝为人工合成的放射性元素。它们最外层电子数都为 6 个，反应时容易得到 2 个电子显示出非金属性。它们结合 2 个电子相比卤素结合 1 个电子困难，所以非金属性较弱于卤素。

液氧   硫

硒

碲

一、臭氧

臭氧是有刺激性臭味的淡蓝色气体，主要存在于距离地面 20～40km 的臭氧层中。它能吸收对人体有害的短波紫外线，防止其达到地球，保护地球上的生物。在空气中高压放电，如雷击、闪电时有部分氧气可以转换成臭氧，因此雷雨天过后，可以闻到特殊的腥臭味。

$$3O_2 \xrightarrow{\text{放电}} 2O_3$$

常温下，臭氧不稳定，可以直接转化成氧气。

臭氧是极强的氧化剂，在常温下，能够氧化不活泼的单质，如 Ag、Hg 等。因此臭氧可以用于纸浆、油脂、面粉等的漂白，饮水的消毒和废水的处理。

空气中微量的臭氧，对人体健康有益。为什么雷雨过后，常会有清新爽快的感觉？因为臭氧不仅能杀菌消毒，还能刺激中枢神经，加速血液循环。但当空气中臭氧的含量超过一定浓度时，就会对眼、鼻、喉有刺激的感觉，甚至对动植物、人体造成危害。比如，复印机和高压电机在工作时都会产生臭氧。

二、过氧化氢

过氧化氢（H_2O_2）俗称双氧水，是除水以外的另一种氢的氧化物。它能和水以任意比例互溶。

课堂实验

在试管中，加入 2mL 3% 的双氧水，仔细观察现象。然后加入少量 MnO_2 固体粉末，观察现象。用带火星的木条检验产生的气体。

$$2H_2O_2 \xrightarrow{MnO_2} 2H_2O + O_2 \uparrow$$

双氧水常温下不稳定，但分解较慢。MnO_2 及许多重金属离子，如铁、铜、锰等离子存在时，能催化其分解。因此双氧水要避光保存在棕色瓶中，并置于暗处。

医学上，常用双氧水进行消毒。它可杀灭肠道致病菌、化脓性球菌、致病酵母菌，一般用于物体表面消毒。一般医用双氧水浓度等于或低于 3%，如用其擦拭到创伤面，会有灼烧感、表面被氧化成白色并冒气泡，不过用清水清洗一下就可以了，过 3~5min 就恢复原来的肤色。

双氧水除了可以消毒以外，还具有漂白作用，如可以用于棉织物、羊毛、生丝、皮毛、羽毛、纸浆、脂肪等的漂白。高浓度的过氧化氢可用作火箭动力燃料。

三、硫

硫是一种分布很广泛的元素，以游离态和化合两种形式存在。游离态的硫主要存在于火山口附近，因为它大都藏于地下深处的岩层里，火山爆发时会被带到地面（见图 3-3）。化合态的硫主要以硫化物和硫酸盐的形式存在，如硫铁矿（FeS_2）、黄铜矿（$CuFeS_2$）、石膏（$CaSO_4$）等。

硫单质是淡黄色晶体，俗称硫黄，不溶于水，微溶于酒精，易溶于二硫化碳。

图 3-3　火山喷发口的硫黄

1. 硫的化学性质

硫可以和一些非金属起反应。如在空气中或纯氧中，可以发生燃烧反应，呈现蓝色火焰，生成二氧化硫。

$$O_2 + S \xrightarrow{\text{点燃}} SO_2$$

与氧相比，硫的非金属性较弱。它在一定条件下，可以和大多数金属起反应。

$$Fe + S \xrightarrow{\triangle} FeS$$

$$2Cu + S \xrightarrow{\triangle} Cu_2S$$

硫化亚铜

硫与金属元素反应时，一般生成低价氧化物。

2. 硫的用途

硫很早就被人类利用，如一千多年前我国的四大发明之一黑火药的主要成分就是硫。现代工业上来说，硫是一种非常重要的化工原料（见图 3-4）。可用于生产硫酸、硫化橡胶等含硫化合物；医学上利用硫黄能杀灭真菌，将其制成硫黄乳膏、硫黄皂治疗皮肤病；农业上将其用作杀虫剂，如石灰硫黄合剂。

| 硫酸 | 硫黄乳膏 | 黑火药 | 石灰硫黄合剂 |

图 3-4　硫黄的用途

四、硫化氢和二氧化硫

1. 硫化氢的性质

天然硫化氢存在于原油、天然气、火山气体和温泉之中，有机体腐烂时，会产生硫化氢气体。

硫化氢是有臭鸡蛋气味的无色气体，密度比空气稍大，有剧毒，是常见的空气污染物。吸入少量硫化氢气体，会对眼、呼吸系统和中枢神经有影响，较多量高浓度的硫化氢气体会引起中毒昏迷，甚至死亡。

硫化氢气体能溶于水，常温下，1 体积水可以溶解 2.6 体积的硫化氢气体。其水溶液叫作氢硫酸。

（1）可燃性

$$2H_2S + 3O_2（充足）\xrightarrow{点燃} 2SO_2 + 2H_2O$$

$$2H_2S + O_2（不足）\xrightarrow{点燃} 2S\downarrow + 2H_2O$$

（2）还原性

$$2H_2S + SO_2 \longrightarrow 3S\downarrow + 2H_2O$$

工业上利用上述反应，用含硫化氢气体的废气和含二氧化硫的废气相互作用回收硫单质，并减少空气污染。

2. 二氧化硫的性质

SO_2 是常见的硫的氧化物，是常见的大气污染物。火山喷发和许多工业反应中也会产生该气体。SO_2 是无色气体、有强烈的刺激性气味。常温下，1 体积水可溶解约 40 体积的 SO_2。

（1）与水反应

$$H_2O + SO_2 \longrightarrow H_2SO_3$$

（2）还原性　在 $400\sim500℃$、V_2O_5 作催化剂时，SO_2 可以和氧气反应生成硫的另一种氧化物 SO_3，该反应是硫酸工业制法中的一个关键反应。

$$2SO_2 + O_2 \xrightarrow[V_2O_5]{400\sim500℃} 2SO_3$$

（3）氧化性

$$2H_2S + SO_2 \longrightarrow 3S\downarrow + 2H_2O$$

（4）漂白性　可用于纸张、草帽、丝、毛等物质的漂白。SO_2 的漂白作用是因为它能与有色物质发生化合反应，生成不稳定的无色物质。这种无色物质在一定条件下可重新释放出 SO_2 气体，使物质颜色复原，即 SO_2 漂白是可逆的。

思考与讨论

除二氧化硫外，我们学过的哪些物质也有漂白性？它们的漂白作用有什么不同？

五、硫酸的性质和硫酸根的检验

纯净的浓硫酸是无色、黏稠状的液体。市售浓硫酸质量分数为 98%，密度 $1.84g/cm^3$，物质的量浓度为 $18.4mol/L$，沸点 $338℃$。硫酸易溶于水，能和水以任意比例互溶。浓硫酸稀释时会产生大量的热，因此稀释浓硫酸时应"酸入水，沿杯壁，慢慢倒，不断搅"（如图 3-5 所示），切不可将水倒入浓硫酸中，否则会发生局部过热暴沸，使酸飞溅伤人。

1. 浓硫酸的性质

硫酸是二元强酸，稀硫酸具有酸的通性，浓硫酸还具有一些特性。

（1）吸水性　浓硫酸具有很强的吸水性，因此在实验室，常被用作干燥剂，如干燥 Cl_2、H_2、CO_2 等气体。

（2）脱水性　浓硫酸能按水的组成将有机物（如棉花、蔗糖、纸张等）中的氢氧元素脱去，留下黑色的炭，使有机物炭化。因此，浓硫酸能严重破坏动植物组织，有强烈的腐蚀性，如果皮肤不慎沾上

不断搅拌
浓硫酸
水

图 3-5　浓硫酸的稀释

了浓硫酸，请立即用大量水冲洗。

课堂实验

黑面包实验

在 200mL 烧杯中放入 20g 蔗糖，加入几滴水，搅拌均匀。然后再加入 15mL 质量分数为 98% 的浓硫酸，迅速搅拌，观察实验现象。具体步骤和现象如图 3-6 所示。

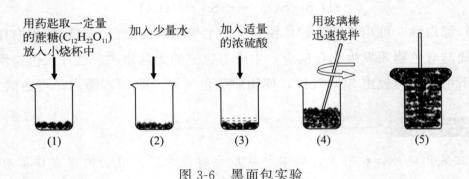

用药匙取一定量
的蔗糖($C_{12}H_{22}O_{11}$)
放入小烧杯中　　加入少量水　　加入适量
　　　　　　　　　　　　　的浓硫酸　　用玻璃棒
　　　　　　　　　　　　　　　　　　迅速搅拌

(1)　　　　(2)　　　　(3)　　　　(4)　　　　(5)

图 3-6　黑面包实验

（3）**强氧化性**　常温下，浓硫酸能使铝、铁等金属钝化，因为浓硫酸能使金属表面生成一层致密的氧化物保护膜，可以阻止硫酸进一步与内部金属继续反应。因此，浓硫酸可以用铁制或铝制容器运输或贮存，图 3-7 为浓硫酸运输车。

图 3-7　浓硫酸运输车

加热时，浓硫酸几乎能氧化所有金属（除 Au、Pt 外）。

$$6H_2SO_4（浓）+2Fe \xrightarrow{\triangle} Fe_2(SO_4)_3+3SO_2\uparrow+6H_2O$$

课堂实验

浓硫酸和铜片反应

取一支试管，加入一小块铜片，然后加入 2mL 浓硫酸，加热，使溶液保持微沸，在试管口用湿润的蓝色石蕊试纸检验所产生的气体。观察试纸和试管内液体的颜色变化。

$$2H_2SO_4（浓）+Cu \xrightarrow{\triangle} CuSO_4+SO_2\uparrow+2H_2O$$

加热时，浓硫酸还能和一些非金属发生氧化还原反应。

$$2H_2SO_4(浓)+C \xrightarrow{\triangle} CO_2\uparrow+2SO_2\uparrow+2H_2O$$

硫酸是工业生产中的三大强酸之一，具有广泛的用途（见图 3-8）。

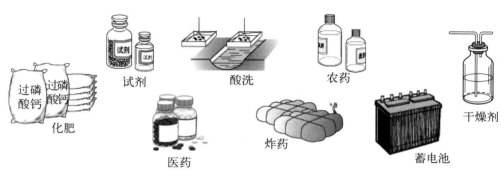

图 3-8　硫酸的用途

2. 硫酸根的检验

课堂实验

　　取三支试管，分别加入 2mL 0.1mol/L 的 Na_2CO_3、Na_2SO_4、H_2SO_4 溶液，然后向三支试管中各加入几滴 $Ba(NO_3)_2$ 溶液，观察现象；再向试管中各加入少量稀 HCl 或稀硝酸，振荡，观察现象。

$$Ba(NO_3)_2+Na_2CO_3 \longrightarrow BaCO_3\downarrow+2NaNO_3$$
$$Ba(NO_3)_2+Na_2SO_4 \longrightarrow BaSO_4\downarrow+2NaNO_3$$
$$Ba(NO_3)_2+H_2SO_4 \longrightarrow BaSO_4\downarrow+2HNO_3$$
$$BaCO_3+2HCl \longrightarrow BaCl_2+H_2O+CO_2\uparrow$$

　　碳酸钡沉淀能够溶于稀盐酸或稀硝酸，而硫酸钡沉淀则不溶解。因此在一种试液中，加入可溶性钡盐溶液后，如果生成不溶于稀盐酸或稀硝酸的白色沉淀，则证明试液中有硫酸根存在。

拓展提升

自然界中的硫循环

　　地球上的硫元素最多存在于岩石圈和海洋，而地球表面体系中硫的主要循环发生在海洋、大气生物和人为活动之间。硫循环的基本过程是：陆地和海洋中的硫通过生物分解、火山爆发等进入大气；大气中的硫通过降水和沉降、表面吸收等作用，回到陆地和海洋；地表径流又带着硫进入河流，输往海洋，并沉积于海底。

在硫循环的过程中各种含硫的物质会呈现－2、＋4、＋6等不同的价态，如海水中的硫酸盐、大气中存在的二氧化硫、硫化氢等气体，这些物质通过氧化还原反应等转化过程构成了复杂的全球循环。

人类的工农业活动对硫循环有重要影响。在人类开采和利用含硫的矿物燃料和金属矿石的过程中，硫被氧化成为二氧化硫（SO_2）和还原成为硫化氢（H_2S）进入大气。硫还随着酸性矿水的排放而进入水体或土壤，这引起了各国的普遍关注。

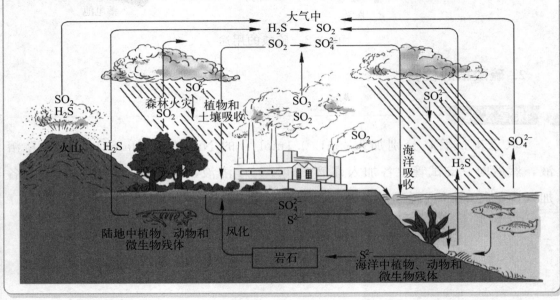

第三节　氮及其化合物

学习导航

　　元素周期表中ⅤA包括氮（N）、磷（P）、砷（As）、锑（Sb）、铋（Bi）、镆（Mc）六种元素，统称为氮族元素。其中镆为人工合成的放射性元素。它们最外层电子数都为5个，它们的非金属性比同周期的氧族和卤族元素都要弱。其中氮是典型的非金属元素，本节主要介绍氮及其化合物。

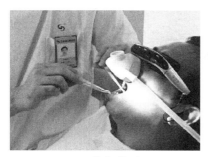

笑气拔牙

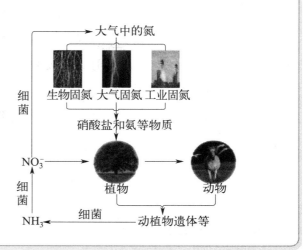

一、氮气

自然界中，大部分氮元素以单质形式存在于空气中，约占空气体积的 78%。智利的硝石（$NaNO_3$）是少有的含氮矿物。氮元素还是构成生命体的重要元素，它是组成氨基酸、核酸、叶绿素等的基本元素。

1. 氮气的物理性质

纯净的氮气是无色无味的气体，比空气略轻。氮气在水中的溶解度很小，在通常状况下，1 体积水只能溶解 0.02 体积的氮气。在 100kPa、$-195.8℃$ 时，会变成无色液体，在 $-209.9℃$ 时会凝成雪花状固体。工业上一般采用分离液态空气法制取氮气。

2. 氮气的化学性质

通常情况下，氮气不容易和其他物质发生化学反应，因为氮分子中的两个氮原子以三键结合，其结构式为 $N\equiv N$，结合得很牢固。但在特殊条件下，氮气可以和氧气、氢气、金属等物质发生反应。

（1）与氧气反应　氮气和氧气反应只有在放电条件下才能反应。

$$O_2 + N_2 \xrightarrow{\text{放电}} 2NO$$

在雷雨天气，空气中常有 NO 气体生成，但是无色 NO 很容易被氧化成红棕色的 NO_2 气体。这种通过闪电将空气中的 N_2 转化成含氮化合物的过程是一种自然固氮，不过自然固氮远远满足不了农业生产的需求。

$$O_2 + 2NO \longrightarrow 2NO_2$$

除 NO 和 NO_2 外，氮元素还能形成多种含氮的氧化物。飞机、汽车、内燃机、工业窑炉等燃烧时排放的气体都含有氮氧化物，它们对环境的损害极大，有研究表明，它们既是形成酸雨的主要物质之一，也是形成大气中光化学烟雾的重要物质和消耗 O_3 的一个重要因子。

（2）与氢气反应　在高温高压和催化剂存在的条件下，氮气可以和氢气化合生成氨气。

$$N_2 + 3H_2 \xrightarrow[\text{催化剂}]{\text{高温、高压}} 2NH_3$$

3. 氮气的用途

（1）氮气工业上用来合成氨和硝酸等物质。

（2）利用氮气的稳定性，可以将其作为保护气。如用于填充灯泡，防止灯泡中钨丝被氧化；在博物馆里，常将一些贵重而稀有的画页、书卷保存在充满氮气的圆筒里，防止其被蛀坏；用氮气来保存粮食，这种方法叫作"真空充氮贮粮"。

（3）利用液氮给手术刀降温，称为"冷刀"。医生用"冷刀"做手术，可以减少出血或不出血，手术后病人能更快康复。氮气的用途见图3-9。

图 3-9　氮气的用途

二、氨和铵盐

1. 氨

（1）氨的物理性质　NH_3 为无色，有强烈刺激性气味的气体，比空气轻。

它极易溶解于水，常温常压下，1 体积水约可以溶解 700 体积的 NH_3，其水溶液称为氨水。氨容易液化，在液化过程中会放出大量的热。液氨在汽化的过程中会吸热，能使周围的温度急剧降低，因此液氨可以作为制冷剂。

（2）氨的化学性质

① 与水反应。氨溶解于水时，NH_3 能和水反应，生成一水合氨（$NH_3 \cdot H_2O$）。

$$NH_3 + H_2O \longrightarrow NH_3 \cdot H_2O$$

氨水是一元弱碱，但它不稳定，受热会分解生成氨和水。

$$NH_3 \cdot H_2O \longrightarrow H_2O + NH_3 \uparrow$$

② 与酸反应

课堂实验

取两根玻璃棒，分别蘸取浓盐酸和浓氨水，使两根玻璃棒靠近，观察现象。

从实验可见，玻璃棒的周围产生了大量白烟。这是浓盐酸挥发出的氯化氢气体和氨水挥发出的氨气反应生成的微小的氯化铵晶体。

$$NH_3 + HCl \longrightarrow NH_4Cl$$

氨同样能和其他酸溶液化合生成相应的铵盐，这是制造氮肥的重要反应。

$$2NH_3 + H_2SO_4 \longrightarrow (NH_4)_2SO_4$$
$$NH_3 + HNO_3 \longrightarrow NH_4NO_3$$

（3）氨的实验室制法和用途　实验室常用加热铵盐和碱的固体混合物来制取氨。

$$2NH_4Cl + Ca(OH)_2 \xrightarrow{\triangle} CaCl_2 + 2NH_3 \uparrow + 2H_2O$$

思考与讨论

实验室制取氨气，应该用什么方法收集，为什么？

氨是一种重要的化工原料，是氮肥工业的基础，也是制造硝酸、纯碱、铵盐和炸药的重要原料，广泛应用于化工、化肥、制药、合成纤维、塑料、染料、制冷剂等。

2. 铵根的检验

铵根能与碱溶液反应释放出氨气，该气体能使湿润的红色石蕊试纸变蓝色，利用这个性质可以检验铵根的存在。

三、硝酸

纯硝酸是无色、易挥发、有刺激性气味的液体，它能和水以任意比例混合，沸点 83℃，密度为 $1.5g/cm^3$。一般市售的浓硝酸浓度为 68%，98% 以上的浓硝酸极易挥发，在空气中形成酸雾，称为"发烟硝酸"。

硝酸是工业"三大强酸"之一，它除了具有酸的通性外，还有自己的特性，不稳定性和强氧化性。

1. 不稳定性

浓硝酸不稳定，见光易分解，受热时分解得更快。

$$4HNO_3 \xrightarrow{\triangle} 4NO_2\uparrow + O_2\uparrow + 2H_2O$$

思考与讨论

实验室中浓硝酸应该怎么保存？为什么？

2. 强氧化性

浓硝酸和稀硝酸都具有强氧化性，浓硝酸能氧化除金、铂以外的大部分金属，如不论浓硝酸稀硝酸都可以和铜起反应。

$$Cu + 4HNO_3(浓) \xrightarrow{\triangle} Cu(NO_3)_2 + 2NO_2\uparrow + 2H_2O$$

$$3Cu + 8HNO_3(稀) \xrightarrow{\triangle} 3Cu(NO_3)_2 + 2NO\uparrow + 4H_2O$$

浓硝酸氧化性比稀硝酸强，但是浓硝酸在常温下，遇到金属铝、铁时会发生钝化现象。

思考与讨论

浓硝酸和稀硝酸的性质有何不同？

3体积浓盐酸和1体积浓硝酸的混合液叫作"王水"，能使金、铂等不溶于硝酸的金属溶解。

硝酸广泛应用于国防和工农业生产中，可用来制造炸药、塑料、氮肥、医药、燃料等。溶有二氧化氮的浓硝酸可以作为火箭推进器中的助燃剂。

 拓展提升

汽车尾气与氮氧化物

汽车尾气对城市大气环境的污染引起了广泛的关注，以汽油和柴油为燃料的各种机动车辆，特别是汽车，排出的废气中含有大量的氮氧化物（NO_x）。尾气中的氮氧化物主要是一氧化氮（NO）和二氧化氮（NO_2），其中一氧化氮很容易被氧化成二氧化氮。研究指出，长期吸入氮氧化物可导致肺部受损。

含有氮氧化物和碳氢化合物等一次污染物的气体，在阳光照射下可发生一系列光化学反应，生成具有强氧化性的臭氧（O_3）和醛、酮等刺激性很强的第二次污染物，这种由一次污染物和二次污染物的混合物形成的烟雾污染现象，称为光化学烟雾。光化学烟雾会对人体健康和环境生态造成极大的危害。

目前，国际上减少汽车尾气污染的措施主要有以下三种：安装汽车尾气净化器，将氮氧化物转为中性的、无污染的氮气，排向大气；用甲醇、液化气代替汽油；使用高效燃料电池的汽车。

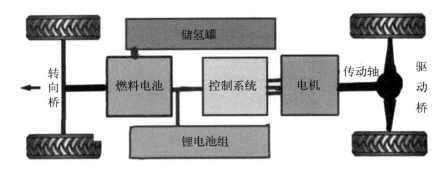

氢燃料电池汽车结构示意图

实验一　浓硫酸和氨及铵盐的性质

【实验目的】

1. 掌握浓硫酸的三大特性和硫酸根离子检验的方法。
2. 学会实验室氨气的制取方法。
3. 理解氨的主要性质。

【实验用品】

实验仪器：

小试管、大试管、U 形管、酒精灯、铁架台、带导管的塞子、药匙、玻璃棒、烧杯（500mL）、胶头滴管、试管夹、护目镜。

实验药品：

NH_4Cl 固体、$Ca(OH)_2$ 固体、铜片、浓硫酸、浓盐酸、浓氨水、0.1mol/L HCl、0.1mol/L $BaCl_2$、紫色石蕊试液、酚酞试液、红色石蕊试纸。

【实验步骤】

实验步骤	实验现象	解释和结论
1. 浓硫酸的特性和硫酸根离子的检验 （1）在试管内先加入 2mL 水，再加入 1mL 浓硫酸 注意：浓硫酸若不慎滴在皮肤上，立即用大量冷水冲洗。 （稀释后的溶液留作下面实验使用）	用手触摸试管外壁有____感觉	浓硫酸稀释时会_____
（2）在纸上滴 1～2 滴浓硫酸（纸放在表面皿上），然后在酒精灯上烘干。	沾有浓硫酸的纸会_____ _____	浓硫酸有_____性
（3）浓硫酸与铜的反应 石蕊试液 1mL浓硫酸 铜片 加热至微沸	试管内液体颜色的变化： _____ 石蕊试液变_____色	浓硫酸有_____性 浓硫酸与铜反应的方程式： _____ _____ 紫色石蕊试液变色的原因： _____
（4）硫酸根离子的检验 加入 2～3 滴氯化钡溶液，振荡，再加少量盐酸	加入氯化钡溶液后，出现_____ _____ 加入盐酸后，_____	反应的化学方程式： _____ _____

实验步骤	实验现象	解释和结论

稀释后的硫酸

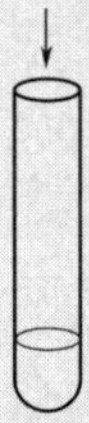

实验步骤	实验现象	解释和结论
2. 氨的制取和性质 (1)氨的制取 分别取一药匙的氯化铵和消石灰固体按下图制取氨气 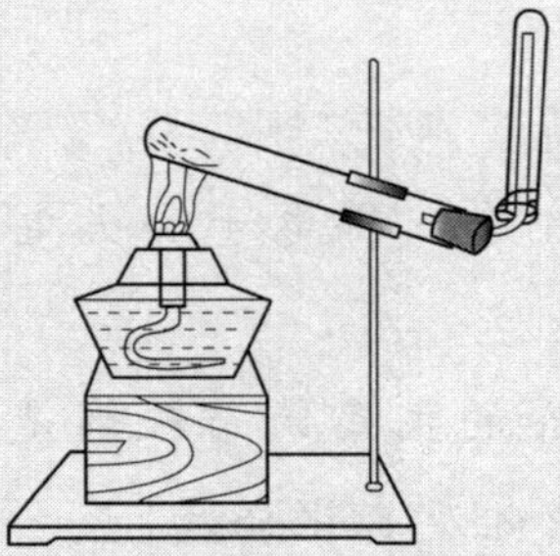 	放置在试管口处的润湿的____色石蕊试纸变____,说明试管里的氨气已经收集满了	氨气应该用____法收集,因为____,氨气显____性。 反应的化学方程式: ____
(2)氨的性质 ①氨气的物理性质 观察收集于试管中的氨气。 ②氨气的溶解性 将装满氨气的试管倒置,移到盛有水的大烧杯上方。轻轻拔去塞子,迅速将管口浸入水中。 ③氨水的性质 先加入1滴酚酞,再套上试管夹加热。 **2mL 上述实验所得氨水**	氨气是一种____色有____气味的____ 试管内液面____ 试管内液体称为____ 加入酚酞后,试管内氨水变____色,加热后试管内液体颜色____,并可闻到____气味	此实验可以证明____ 氨水显____性,加热后氨水会____。 化学方程式为: ____
④氨和酸反应 用一根玻璃棒放在浓氨水里蘸一下,将另一根玻璃棒放在浓盐酸里蘸一下,使两根玻璃棒接近(不要接触)	玻璃棒附近有____产生	浓氨水挥发出的____和浓盐酸挥发出的____会发生反应,生成微小的____晶体。 化学方程式为: ____

【思考讨论】

1. 检验硫酸根离子时，在溶液中加入氯化钡溶液产生白色沉淀后，为什么还要加入少量的稀盐酸？

2. 怎么证明某溶液中含有铵根离子？

第四节　硅及其化合物与硅酸盐工业

学习导航

碳和硅在元素周期表中ⅣA，最外层电子数为 4 个，得电子和失电子倾向都不强，因此常常形成共价化合物。

碳元素很早就被人们认识和利用，更是有机世界的主角，而硅则是无机世界的骨干。碳在初中有所涉及，本节内容主要介绍硅及其化合物。

看一看

石英晶族　　　　　　砂子　　　　　　硅石

自然界中的硅元素

硅在自然界中分布是一种很广的元素，占地壳中总含量的 27.6%，居第二位，含量仅次于氧，它是构成岩石矿物的一种主要元素。硅在自然界中没有游离态，主要以氧化物和硅酸盐的形式存在。

一、硅及其化合物

1. 硅

单质硅有晶体和无定形两种同素异形体。晶体硅呈灰黑色，有金属光泽，熔点高，硬度较大。硅的导电性能介于金属和绝缘体之间，是良好的半导体材料。高纯度晶体硅（纯度＞99.9999999％）常被用来制作硅整流器、可控硅元件、集成电路和晶体管等半导体器件。

工业上，用焦炭在高温下还原石英砂的方法制得粗硅，将粗硅提纯，可以得到制作半导体材料的高纯硅。

$$C+SiO_2 \xrightarrow{\text{高温}} Si+CO_2\uparrow$$

常温下，硅的化学性质不活泼，不与绝大多数物质如氢气、氧气、硝酸和硫酸等起反应。但在加热条件下，硅可以和一些非金属反应。例如，加热时研细的硅可与氧气反应，生成二氧化硅。

$$Si+O_2 \xrightarrow{\triangle} SiO_2$$

2. 二氧化硅（SiO_2）

天然二氧化硅又叫硅石，是一种坚硬难溶的固体，在地壳中分布很广。比较纯净的二氧化硅晶体叫作石英，可用来制作玻璃、陶瓷及耐火材料。纯净的无色透明的二氧化硅晶体叫作水晶。含微量杂质的水晶呈现不同的颜色，如紫水晶、黄水晶、茶晶和墨晶等（见图 3-10）。水晶常被用来制作光学仪器和电子工业的重要部件，也可用来制成各种水晶工艺品、首饰和眼镜片等。此外，二氧化硅还是制造水泥和光导纤维的重要原料。

紫水晶　　　　　黄水晶　　　　　茶晶　　　　　墨晶

图 3-10　各种水晶

二氧化硅不溶于水，化学性质稳定，与绝大多数酸（氢氟酸除外）不发生反应。

$$4HF + SiO_2 \longrightarrow 2H_2O + SiF_4 \uparrow$$

二氧化硅是酸性氧化物，能缓慢溶于强碱溶液，生成硅酸盐。加热时，二氧化硅能和碱性氧化物起反应，生成相应的硅酸盐。

$$2NaOH + SiO_2 \longrightarrow Na_2SiO_3 + H_2O$$

$$CaO + SiO_2 \xrightarrow{\triangle} CaSiO_3$$

思考与讨论

实验室的氢氧化钠溶液试剂瓶为什么使用橡胶塞，而不使用玻璃塞？

3. 硅酸

硅酸是二氧化硅的水合物，通常用 H_2SiO_3 表示硅酸。硅酸不溶于水，是一种胶状沉淀。它是一种二元弱酸，比碳酸还弱。

硅酸不能用二氧化硅与水直接化合制得，一般利用可溶性硅酸盐和强酸反应来制取。

$$Na_2SiO_3 + 2HCl \longrightarrow 2NaCl + H_2SiO_3 \downarrow$$

硅酸凝胶经洗涤、加热脱去大部分水，可变成无色稍透明、带有微孔结构的固态胶体，工业上叫作硅胶。它有很强的吸附能力，常用作吸附剂、干燥剂和催化剂载体。蓝色硅胶是一种变色硅胶，将无色硅胶浸入二氯化钴（$CoCl_2$）溶液后干燥制得。无水 $CoCl_2$ 呈蓝色，水合的 $CoCl_2 \cdot 6H_2O$ 为红色，因此根据颜色的变化，可以判断硅胶的吸湿程度。变色硅胶可以用作精密化学仪器和电子仪器的干燥剂。

*二、硅酸盐工业简介

以天然硅酸盐为基本原料可制水泥、玻璃、陶瓷、耐火材料等产品的工业，称为硅酸盐工业，它是国民经济的重要组成部分。下面介绍几个硅酸盐工业产品。

1. 水泥

水泥，粉状水硬性无机胶凝材料。它是人类生活和社会生产中一种重要的建筑材料，架桥铺路、摩天大楼，各种建筑工程都离不开它。它诞生于 1824 年，是当今世界上最重要的建筑材料之一。

硅酸盐水泥的主要原料是黏土（黏土主要成分是硅酸盐）和石灰石。把各种原料磨成粉末，以一定比例混合后放入水泥回转窑中，在1500℃左右高温煅烧，再加入适量石膏，研成细粉，就制成了水泥。

水泥具有水硬性，加水搅拌后成浆体，能在空气中硬化或者在水中更好地硬化，并能把砂、石等材料牢固地胶结在一起。水泥、砂子和碎石的化合物叫混凝土，用混凝土建造建筑物时常用钢筋作为骨架，这就构成了钢筋混凝土，它能使建筑物更加坚固。

水泥还具有一定的装饰性，比如白水泥和彩色水泥。白水泥主要用来瓷砖勾缝，典型特征是具有很高的白度，色泽明亮。彩色水泥（见图3-11）是在白水泥的基础上加入颜料调制而成的。常用的彩色掺加颜料有二氧化锰（褐色、黑色），氧化铁（红色、黄色、褐色、黑色），氧化铬（绿色），钴蓝（蓝色），孔雀蓝（海蓝色），炭黑（黑色）等。

图 3-11　彩色水泥

2. 玻璃

约公元前3700年前，古埃及人已制出玻璃装饰品和简单玻璃器皿。图3-12展示了生活中常见的玻璃。玻璃是一种透明的半固体、半液体物质，被称为无定形体或玻璃体。玻璃没有固定熔点，加热到一定温度时软化。在软化状态下，可用压或吹的方式制成各种形状，冷却后成型。普通玻璃的主要原料是纯碱（Na_2CO_3）、石灰石（$CaCO_3$）和石英（SiO_2）。生产时把原料磨成粉末，按比例混合，经高温熔炼即可制成普通玻璃。

$$Na_2CO_3 + SiO_2 \xrightarrow{\text{高温}} Na_2SiO_3 + CO_2 \uparrow$$

$$CaCO_3 + SiO_2 \xrightarrow{\text{高温}} CaSiO_3 + CO_2 \uparrow$$

原料中石英是过量的，因此普通玻璃是硅酸钠、硅酸钙和二氧化硅的共熔

图 3-12　生活中的玻璃

物，属混合物。广泛应用于建筑物，用来隔风透光。普通玻璃一般呈淡绿色，这是因为原料中混有二价铁。

制造玻璃的过程中，加入某些金属氧化物或盐类可以使无色玻璃变得色彩缤纷。例如，加入氧化钴（Co_2O_3）可制得蓝色玻璃。

玻璃的种类很多，除了上面介绍的彩色玻璃以外，还有通过特殊方法制得的钢化玻璃，各种用途和各种性能的玻璃相继问世。现代，玻璃已成为日常生活、生产和科学技术领域的重要材料。

3. 陶瓷

陶瓷是陶器和瓷器的总称，它是我国古代劳动人民的伟大发明之一。早在新石器时代，我们的祖先就发明了陶器，如图 3-13 所示。陶瓷的发展史是中华文明史的一个重要组成部分，中国历史上各个朝代的陶瓷都有不同的艺术风格和不同技术特点。陶都宜兴的陶器和瓷都景德镇的瓷器，目前在世界上仍享有盛誉。"china" 不仅有中国的意思，也有陶瓷的意思，充分说明了陶瓷是中华民族的象征。

图 3-13　各种陶瓷制品

陶瓷主要原料是黏土（主要成分二氧化硅）。把黏土、长石和石英磨成细粉，加水调匀，先做成各种形状的胚，胚在一定温度下煅烧后变成非常坚硬的物质，这就是陶器。如果用纯净的黏土作为基本原料，先煅烧成素瓷，经过上釉，再经过高温煅烧即得瓷器。

陶瓷因具有抗氧化、耐高温、抗酸碱、易清洗等很多优点，广泛应用于日常生活和工业生产中。

拓展提升

大气污染和环境保护

洁净的空气中含有78%的氮，21%的氧，0.93%的氩，以及少量的二氧化碳和水蒸气、微量的稀有气体。当大气中增加了新的成分或者某些气体含量超过正常值或大气的正常自净能力时，就产生了大气污染。

凡是能够使空气质量变差的物质都是大气污染物。大气污染物主要有二氧化硫、碳氧化物、氮氧化物、烃类化合物、飘尘（如PM2.5）、放射性物质等。造成大气污染的因素有两种：自然因素（如火山爆发、森林火灾）和人为因素（如工业废气、汽车尾气、煤和石油的燃烧等）。自然因素一般是短时间的、局部的，更主要的是人为因素的影响。

温室效应、臭氧层空洞、酸雨等都是由大气污染衍生出的环境效应。

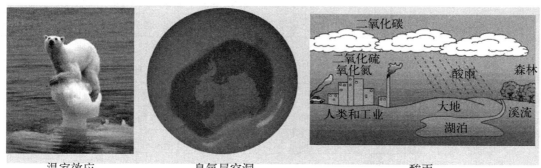

温室效应　　　　　　臭氧层空洞　　　　　　　　酸雨

①温室效应：能产生温室效应的气体有二氧化碳、甲烷、氮氧化物、氯氟烃、臭氧等气体，这些气体被称为"温室气体"。大气中的二氧化碳为主要温室气体。温室效应加剧主要是由于现代化工业社会燃烧过多煤炭、石油和天然气，这些燃料燃烧后放出大量的二氧化碳气体进入大气造成的。②臭氧层空洞：科学家已经发现，在南北两极上空的臭氧减少，好像天空坍塌了一个空洞，叫作"臭氧洞"。紫外线就通过"臭氧洞"进入大气，危害人类和自然界的其他生物。"臭氧洞"的出现，同广泛使用氟利昂（电冰箱、空调等的制冷材料）有很大关系。③酸雨：pH值小于5.6的降水称之为酸雨。导致酸雨的主要物质为二氧化

硫、氮氧化物等酸性气体。煤和石油的燃烧是导致酸雨的罪魁祸首。

　　当前，我国大气污染形势严峻，以可吸入颗粒物（PM$_{10}$）、细颗粒物（PM$_{2.5}$）为特征污染物的区域性大气环境问题日益突出。为了防治大气污染，保护环境，可以采取以下措施：调整能源结构，多采用无污染能源（如太阳能、风能、潮汐能等）和低污染能源（如天然气），对燃料进行预处理（如对煤进行脱硫），以减少二氧化碳、二氧化硫、氮氧化物的排放；在废气进入大气前，可使用除尘消烟技术，液体吸收等技术以减少进入大气的污染物；大量推广绿色环保技术，实现清洁生产，从生产源头上控制污染物的产生；运用新型制冷剂代替氟利昂的使用，以减少对臭氧层的破坏。

本章小结

卤素：F、Cl、Br、I	Cl$_2$	可与多数金属、非金属反应,可与水和碱反应
	HCl	三大强酸之一,具有酸的通性
	F$_2$、Cl$_2$、Br$_2$、I$_2$	非金属性:F$_2$＞Cl$_2$＞Br$_2$＞I$_2$
	Cl$^-$、Br$^-$、I$^-$	可用 AgNO$_3$ 溶液和稀 HNO$_3$ 检验卤离子
O、S	O$_3$	不稳定,能杀菌消毒
	S	硫黄,可以和 H$_2$、O$_2$ 等反应
	H$_2$S	可燃性、还原性
	SO$_2$	酸雨,同时具有氧化性和还原性
	H$_2$SO$_4$	三大强酸之一,吸水性、脱水性、强氧化性
N	N$_2$	空气的主要成分,性质很稳定
	NH$_3$	碱性气体,可与水和酸起反应
	HNO$_3$	三大强酸之一,强氧化性、钝化
Si	Si	性质稳定,半导体材料
	SiO$_2$	性质稳定,硅酸盐工业的主要原料

习题

一、选择题

1. 下列物质的溶液中，滴加硝酸银溶液有白色沉淀生成的是（　　）。

A. KCl　　　　　　　B. KNO$_3$　　　　　　　C. KI　　　　　　　D. KBr

2. 下列物质中，含有 Cl^- 的是（　　　）。

A. 液氯　　　　　　B. 次氯酸钠　　　　　C. 盐酸　　　　　D. 氯仿（$CHCl_3$）

3. 下列对氯气的叙述正确的是（　　　）。

A. 氯气可使干的红色布条褪色

B. 氯气没有漂白性，但通入品红溶液中，品红褪色

C. 在通常情况下，氯气可以和任何金属直接化合

D. 嗅其气味时，要小心将集气瓶放在鼻孔下直接嗅

4. 下列各物质中，硫元素的化合价都相同的一组是（　　　）。

A. S、SO_2、SO_3　　　　　　　　　　B. SO_3、Na_2SO_4、$NaHSO_4$

C. H_2S、SO_2、Na_2SO_4　　　　　　　D. H_2S、Na_2SO_4、H_2SO_4

5. 工业上常用稀硫酸清洗铁锈表面的锈层，这是利用了稀硫酸的（　　　）。

A. 强氧化性　　　　B. 不挥发性　　　　　C. 酸性　　　　　D. 吸水性

6. 将制取氨气的装置的导管口对准但不接触下述液滴，可产生大量白烟的是（　　　）。

A. 水　　　　　　　B. 浓硫酸　　　　　　C. 浓盐酸　　　　D. 稀硫酸

7. 将下列金属分别加入冷的硝酸中，有气体产生的是（　　　）。

A. 铝　　　　　　　B. 铁　　　　　　　　C. 铜　　　　　　D. 金

8. 物质 A 的溶液与 $BaCl_2$ 溶液反应有不溶于稀硝酸的白色沉淀 B 生成，而与 $Ba(OH)_2$ 溶液共热不但生成 B，而且有刺激性气味生成，试推断物质 A 的是（　　　）。

A. H_2SO_4　　　B. NH_3　　　C. $(NH_4)_2SO_4$　　　D. $(NH_4)_2CO_3$

9. 能溶解单质硅的是（　　　）。

A. 氢氧化钠溶液　　　　B. 盐酸　　　　　C. 硫酸　　　　　D. 氨水

10. 下列酸性氧化物中，不能与水直接反应生成对应酸的是（　　　）。

A. CO_2　　　　　B. SO_2　　　　　　C. SiO_2　　　　D. SO_3

二、填空题

1. 氯原子的原子结构示意图为＿＿＿＿＿＿＿＿。在化学反应中容易＿＿＿＿个电子，达到＿＿＿＿个电子的稳定结构。氯气是＿＿＿＿＿＿＿＿色气体，实验室制取氯气时应用＿＿＿＿＿＿＿＿＿法收集，多余的氯气应该用＿＿＿＿＿＿＿＿溶液吸收。

2. 卤族元素主要包括＿＿＿＿＿＿＿＿＿＿＿＿＿＿＿＿（填元素符号），它们位于元素周期表的第＿＿＿＿＿＿＿族，原子半径最大的是＿＿＿＿＿＿＿＿，非金属性最大的是＿＿＿＿＿＿＿＿。卤素单质中与氢气混合在暗处就能发生爆炸的是＿＿＿＿＿＿＿＿＿。

3. 硫化氢是＿＿＿＿＿＿色＿＿＿＿＿＿＿＿＿气味的气体。它＿＿＿＿＿＿溶于水，其水溶液叫作＿＿＿＿＿＿＿＿。它在空气中燃烧的方程式为＿＿＿＿＿＿＿＿＿＿＿＿＿＿＿＿＿＿＿＿＿＿＿＿＿＿＿＿＿。

4. 浓硫酸可做干燥剂，说明浓硫酸具有＿＿＿＿＿＿＿＿＿＿＿＿＿＿性；浓硫酸会使蔗糖炭化，说明浓硫酸具有＿＿＿＿＿＿＿＿＿＿＿＿＿＿性；浓硫酸在加热条件可与铜发生反应，说明浓硫酸具有

_____性。

  5. NH_3 是_____色的气体，_____溶于水，它能使湿润的_____色石蕊试纸变_____，是一种_____性气体。实验室制取氨气一般用_____和_____作为原料。

  6. 在地壳中，硅的含量居_____位，在自然界中，硅以_____态存在。盛放碱液的试剂瓶不能用玻璃塞，因为_____。

三、简答题

  三瓶失去标签的试剂瓶中，分别盛有氯化钠、溴化钠和碘化钠溶液，试用两种不同的实验方法来鉴别，并写出有关反应的化学方程式。

第四章
重要的金属元素

在自然界中大多数金属元素以化合态存在，少数不活泼的金属元素以单质的形式存在。

金属（除汞外）在常温下都是固体。金属具有良好的导电性、导热性、延展性和特殊的、美丽的光泽。银导电性最强；金延展性最好。由金属元素形成的合金，性能各异，应用广泛。常见的有铁合金、铜合金和铝合金。金属元素的原子最外层电子数比较少，在化学反应中容易失去电子，变成带正电荷的金属阳离子。人类的生产和生活都离不开金属。

研究金属元素、单质及其化合物的性质，具有十分重要的意义和价值。

第一节　碱金属元素

学习导航

元素周期表中ⅠA除氢外包括锂（Li）、钠（Na）、钾（K）、铷（Rb）、铯（Cs）、钫（Fr）六种元素，其中钫为人工合成的放射性元素。它们对应的碱都是易溶于水的强碱，故统称为碱金属元素。它们最外层电子数都为1个，反应时容易失去，都是活泼的金属元素。本节重点介绍钠及其化合物的性质。

看一看

钠　　　　　　钠在水中爆炸

钠是碱金属元素的代表，自然界中没有游离态的钠元素。它以盐的形式广泛地分布于陆地和海洋中，钠也是人体肌肉组织和神经组织中的重要成分之一。

一、钠

1. 钠的物理性质

钠具有银白色金属光泽，密度 $0.97g/cm^3$，能浮在水上。质软，可以用刀切割。熔点 97.8℃，沸点 882.9℃，钠是电和热的良导体。

2. 钠的化学性质

钠化学性质非常活泼，能和许多非金属以及水等物质起反应。

（1）与氧气反应

课堂实验

取一小块金属钠，用刀切开，观察钠表面颜色的变化，后把这块钠置于石棉网上加热，观察现象。

新切开的钠的表面由银白色很快变暗，这是由于金属钠很快被空气中的氧气氧化，表面形成了一层氧化物薄膜。

$$4Na + O_2 \longrightarrow 2Na_2O（白色固体）$$

加热后金属钠开始燃烧，发出黄色火焰，生成淡黄色的过氧化钠固体。

$$2Na + O_2 \overset{\triangle}{\longrightarrow} Na_2O_2（淡黄色固体）$$

过氧化钠可用于高空飞行和潜水艇的呼吸面具中氧气的来源，因为过氧化钠可以和水或者二氧化碳反应生成氧气。同时，过氧化钠还是一种漂白剂，常用作织物、羽毛等的漂白。

钠及其化合物在灼烧时，会产生黄色的火焰。一些金属或它们的化合物在灼烧时使火焰呈现特殊颜色的现象，叫作焰色反应。利用焰色反应呈现的特殊颜色，可以检验金属或其化合物的存在。烟花中加入特定金属元素，可使焰火更加绚丽多彩，常见金属元素焰色反应的颜色见表4-1。

表 4-1　常见金属元素焰色反应的颜色

金属元素	锂	钠	钾	钙	钡	铜
火焰颜色	红色	黄色	紫色	砖红色	黄绿色	绿色

（2）与水反应

 课堂实验

取绿豆粒大小金属钠，放入盛有水（事先滴入两滴酚酞试液）的烧杯中，观察现象。

钠与水剧烈反应，反应放出大量的热，使金属钠熔成闪亮的小球，小球浮在水面上并不断转动，逐渐缩小，并发出嘶嘶的声音，可见反应中有气体生成。反应后烧杯中的液体变成红色，说明溶液显碱性。

$$2Na + 2H_2O \longrightarrow 2NaOH + H_2 \uparrow$$

综上所述，钠很容易和空气中的氧气和水起反应，所以在实验室中通常将金属钠保存在煤油中，钠的密度比煤油大，以隔绝氧气和水。大量的金属钠通常贮存在钢桶中充氩气密封保存。遇其着火时，只能用砂土或者干粉灭火器，千万不能用水灭火。

钠是一种很强的还原剂，能用于钛、铌、锆等稀有金属的冶炼。钠和钾的合金在常温下是液体，可作为原子反应堆的导热剂。高压钠灯发出的黄光透雾能力强，射程远，可以用在电光源上。

二、钠的重要化合物

1. 氢氧化钠

氢氧化钠是白色固体（见图4-1），暴露在空气中易潮解，是一种常见的干燥剂。它极易溶于水，溶于水时会放出大量的热。氢氧化钠俗名烧碱、火碱、苛性钠，因为它的浓溶液对皮肤、织物等具有很强的腐蚀能力。

氢氧化钠是强碱，具有碱的所有性质，能与酸性氧化物（如 CO_2、SO_2、SiO_2）、酸和某些盐起反应。

$$2NaOH + CO_2 \longrightarrow Na_2CO_3 + H_2O$$
$$2NaOH + SO_2 \longrightarrow Na_2SO_3 + H_2O$$
$$2NaOH + SiO_2 \longrightarrow Na_2SiO_3 + H_2O$$

图 4-1　氢氧化钠固体

硅酸钠俗称水玻璃，具有黏性。因此实验室中装氢氧化钠的试剂瓶，常用橡胶塞，以免玻璃塞和瓶口黏在一起。定量分析中，酸式滴定管不能用于装碱性溶液也是这个原因。

氢氧化钠在实验室中常用于干燥 NH_3、H_2、O_2 等气体。它是一种用途广泛的化工原料，可用于精炼石油、造纸、印染、冶金、肥皂等工业。

2. 碳酸钠和碳酸氢钠

碳酸钠（Na_2CO_3）俗称纯碱或苏打，是白色粉末。十水合碳酸钠（$Na_2CO_3 \cdot 10H_2O$，俗称石碱）是白色晶体，在空气中容易风化失去结晶水，形成无水碳酸钠。它是工业上的所谓的"三酸两碱"中的两碱之一。

碳酸氢钠（$NaHCO_3$）俗称小苏打，是细小的白色粉末。

碳酸钠和碳酸氢钠都易溶于水，碳酸钠的溶解性更好一点，它们的水溶液都显碱性。和盐酸反应时都能释放出二氧化碳气体。

$$Na_2CO_3 + 2HCl \longrightarrow 2NaCl + H_2O + CO_2\uparrow$$
$$NaHCO_3 + HCl \longrightarrow NaCl + H_2O + CO_2\uparrow$$

碳酸氢钠与盐酸反应比碳酸钠剧烈得多。

碳酸钠稳定，碳酸氢钠不稳定，受热时容易分解。可以用加热是否分解来鉴别碳酸钠和碳酸氢钠。

$$2NaHCO_3 \xrightarrow{\triangle} Na_2CO_3 + H_2O + CO_2\uparrow$$

思考与讨论

实验室有两种白色失去标签的白色固体，碳酸钠和碳酸氢钠，如何鉴别？

碳酸钠和碳酸氢钠都是用途广泛的化工原料。碳酸钠大量用于玻璃、肥皂、造纸、冶金等工业中。碳酸氢钠可以用于食品的烘焙，比如苏打饼干，在医学上可以作抗酸药，如治疗胃酸过多。

三、碱金属元素的性质比较

1. 物理性质比较

碱金属都是银白色轻金属[❶]，具有一般金属的通性，如具有金属光泽、延展性、导电性、导热性等。

---

❶ 轻金属：密度 $<4.5g/cm^3$ 的金属。

碱金属元素硬度❶比较小，所以钠、钾都可以用刀切割。碱金属熔点和沸点比较低，其中铯的熔点最低，人体的温度就能将其熔化。随着核电荷数的递增，碱金属的密度略有递增，而硬度、熔点和沸点都呈现由高到低的变化规律（见表4-2）。

表 4-2　碱金属的物理性质

元素名称	锂	钠	钾	铷	铯
元素符号	Li	Na	K	Rb	Cs
核电荷数	3	11	19	37	55
颜色和状态	银白色,质软	银白色,质软	银白色,质软	银白色,质软	银白色,质软
硬度	0.6	0.5	0.4	0.3	0.2
密度/(g/cm³)	0.535	0.971	0.862	1.532	1.873
熔点/℃	180	98	63	39	28
沸点/℃	1342	883	760	686	669

2. 化学性质比较

碱金属原子最外层电子数都为1个，在发生化学反应时易失去1个电子而形成8个电子的稳定结构，呈现出典型的金属性。因此，它们的化学性质相似。如都能和氧气反应，能和水反应等。不过，它们的化学性质也表现出有规律的差异性，如表4-3所示。

表 4-3　碱金属的化学性质

元素符号	Li	Na	K	Rb	Cs
常温空气中	缓慢氧化	很快氧化	迅速氧化	自燃	自燃
与水反应	比较缓慢 不熔化	剧烈反应 熔化成球状	剧烈反应 熔化成火球	剧烈反应 爆炸	剧烈反应 爆炸

随着核电荷数的增加，碱金属电子层数逐渐增多，因此原子半径逐渐增大，失去最外层电子的倾向也逐渐增大，因此碱金属的化学活动性顺序为：Li＜Na＜K＜Rb＜Cs。

---

❶ 硬度：物质局部抵抗硬物压入其表面的能力。规定最硬的金刚石的硬度为10，硬度在2以下的物质可用指甲划痕。

探究实验　金属钠及其化合物的性质

一、金属钠的性质

实验设计 1：钠与氧气反应

用小刀切下绿豆粒大小的一块金属钠，用滤纸吸干表面的煤油，观察切面的颜色和切面在空气中的变化。

实验现象：_____

化学方程式：_____

除去金属钠表面的氧化层，立即放入坩埚中加热。当钠开始燃烧时，停止加热，观察火焰颜色、产物的颜色和状态。

实验现象：_____

化学方程式：_____

实验设计 2：钠与水反应

在小烧杯中加入一些水，滴入 2 滴酚酞试液，然后加入绿豆粒大小的金属钠，并迅速用一个漏斗倒扣在烧杯上，观察现象并解释原因。

实验现象和结论：_____

_____

化学方程式：_____

二、碳酸钠和碳酸氢钠的性质

实验设计 1：碳酸氢钠受热分解

在干燥的大试管内加入少量碳酸氢钠固体，按图 4-2 装好装置，加热试管，观察现象。

实验现象：_____

化学方程式：_____

实验设计 2：碳酸钠和碳酸氢钠与酸反应

取两支试管，分别加入少量碳酸钠和碳酸氢钠固体，再向两支试管中各加入少量稀盐酸，比较反应的剧烈程度。

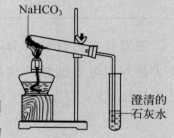

图 4-2　碳酸氢钠受热分解

实验现象：_____

化学方程式：_____

三、焰色反应

实验设计：Na^+、K^+、Ca^{2+}、Cu^{2+} 的焰色反应

用洁净的镍铬丝分别蘸取氯化钾、碳酸钠、硫酸铜、氯化钙粉末，放在酒精灯外焰灼烧。观察和比较他们焰色有何不同。观察钾盐火焰时，应隔着蓝色钴玻璃片观察。

实验现象：_____

四、白色固体 NaCl 的鉴别

请自行设计实验方案，证明某白色固体为氯化钠。

拓展提升

侯氏联合制碱法

纺织、造纸、制皂等工业需要大量的纯碱（Na_2CO_3）。我国在 20 世纪前，工业用纯碱一直依赖从英国进口。为了发展民族工业，爱国实业家范旭东于 1917 年创办了永利碱液公司，聘请当时正在美国留学的侯德榜担任总工程师，决心打破洋人的垄断。1921 年侯德榜先生毅然回国，开始了他的制碱事业。

当时世界制碱业都采用氨碱法，该法由比利时科学家索尔维（Ernest Solvay，1938—1922）发明，以 $CaCO_3$、$NaCl$、NH_3 为原料制取碳酸钠，反应方程式为：

$$CaCO_3 \xrightarrow{\text{高温}} CaO + CO_2 \uparrow$$

$$NaCl + NH_3 + CO_2 + H_2O \longrightarrow NaHCO_3 \downarrow + NH_4Cl$$

过滤得到 $NaHCO_3$，通过煅烧可制得 Na_2CO_3，而过滤所得滤液（NH_4Cl）用石灰石煅烧所得的生石灰转化成的消石灰回收氨以循环使用。

侯德榜

$$2NaHCO_3 \xrightarrow{\triangle} Na_2CO_3 + H_2O + CO_2 \uparrow$$

$$2NH_4Cl + Ca(OH)_2 \xrightarrow{\triangle} CaCl_2 + 2NH_3\uparrow + 2H_2O$$

在氨碱法生产过程中，氯化钠的利用率仅为 73% 左右，而且在回收氨的过程中产生了大量氯化钙废液。侯德榜先生看到了氨碱法生产的不足之处，通过不断摸索，进行了艰苦的工艺探索，终于发明了联合制碱法。他将合成氨法和氨碱工艺法联合，同时制造纯碱和氯化铵。该法需要的二氧化碳为合成氨工业的副产品，在分离碳酸氢钠后的滤液中通入氨、加入氯化钠固体得到饱和溶液，冷却后使氯化铵析出，其母液则循环使用。本法和氨碱法相比，最大的优点是提高了氯化钠的利用率（可达到 96% 以上），避免产生氯化钙废液对环境的污染，降低了纯碱的生产成本。1943 年，这种制碱法正式被命名为"侯氏联合制碱法"加以推广。

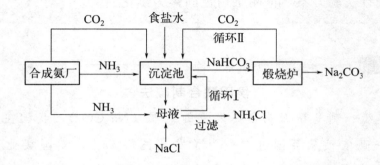

联合制碱法流程示意图

第二节　碱土金属元素

学习导航

　　元素周期表中 ⅡA 包括铍（Be）、镁（Mg）、钙（Ca）、锶（Sr）、钡（Ba）、镭（Ra）六种元素，其中镭为放射性元素。通常把它们叫作碱土金属元素。它们最外层电子数都为 2 个，反应时容易失去，都是较活泼的金属元素。本节重点介绍镁及其化合物的性质。

| 菱镁矿 | 生活中的镁 | 上行叶缺镁，下行叶正常 |

镁在自然界中分布也很广泛，是人体必需的元素之一。镁在自然界以化合态的形式存在，主要存在于菱镁矿（$MgCO_3$）等矿石中，海水中也含有大量的 $MgCl_2$、$MgSO_4$。

一、镁

1. 镁的物理性质

镁是一种银白色有金属光泽的轻金属，质软，密度为 $1.74g/cm^3$，熔点 649℃，沸点 1090℃，镁是电和热的良导体。

2. 镁的化学性质

镁化学性质很活泼，能和氧气、水、酸和二氧化碳起反应。

（1）与氧气反应　镁暴露在空气中，会被空气中的氧气氧化，表层形成一层致密的氧化物薄膜，阻止内部的镁被进一步氧化，因此镁在空气中是稳定的，不需要密封保存。加热时，镁条能在空气中剧烈燃烧，放出耀眼的白光，生成白色粉末状固体氧化镁。故可以用镁来制造照明弹和照相镁光灯。

$$2Mg + O_2 \xrightarrow{\text{点燃}} 2MgO$$

（2）与水、酸反应

课堂实验

取一段镁条，用砂纸擦去表层的氧化物，将其投入事先装有少量水和几滴酚酞试液的试管中，观察现象。将试管置于酒精灯上加热，观察现象。

从实验可以看到，常温下，镁条与水反应非常缓慢，不易察觉，但在沸水中反应较快。

$$Mg + 2H_2O(\text{沸}) \longrightarrow 2Mg(OH)_2 + H_2\uparrow$$

镁还能和稀盐酸、稀硫酸反应，生成相应的盐，并释放出氢气。

$$Mg + 2HCl \longrightarrow MgCl_2 + H_2 \uparrow$$

（3）与二氧化碳反应 镁不仅能和空气中的氧气反应，还可以和空气中的二氧化碳起反应。

$$2Mg + CO_2 \xrightarrow{\text{高温}} 2MgO + C$$

在工业中，镁的主要用途是用于制高强度的轻合金。广泛用于导弹、高级汽车、飞机制造业中。镁也可以做还原剂，用于稀有金属的冶炼。

二、镁的重要化合物

1. 氧化镁

氧化镁（MgO）在工业上又称苦土，是一种难溶于水的白色粉末状固体。熔点2800℃，硬度也很高，是优良的耐火材料，可以用于制备陶瓷、搪瓷、耐火坩埚和耐火砖的原料。

氧化镁是碱性氧化物，能和酸反应生成镁盐和水。

$$MgO + 2HCl \longrightarrow MgCl_2 + H_2O$$

医学上可用纯的氧化镁中和过多的胃酸，治疗胃溃疡和十二指肠溃疡病。中和胃酸作用强且缓慢持久，不产生二氧化碳。

2. 氢氧化镁

氢氧化镁 $[Mg(OH)_2]$ 是一种白色粉末，微溶于水。它是一种弱碱，热稳定性差，加热时会分解。

$$Mg(OH)_2 \xrightarrow{\triangle} MgO + H_2O$$

氢氧化镁可用来制造牙膏、牙粉。其乳状悬浊液在医学上作为制酸剂（治疗胃酸过多）和缓泻剂。

三、碱土金属元素的性质

1. 物理性质的比较

碱土金属（除铍外）都是银白色轻金属，具有一般金属的通性，如具有金属光泽、延展性、导电性、导热性等。碱土金属的物理性质见表4-4。

表 4-4　碱土金属的物理性质

元素名称	铍	镁	钙	锶	钡
元素符号	Be	Mg	Ca	Sr	Ba
核电荷数	4	12	20	38	56
颜色和状态	钢灰色	银白色	银白色	银白色	银白色
硬度	4	2.5	2	1.8	1.25
密度/(g/cm³)	1.848	1.738	1.55	2.54	3.5
熔点/℃	1280	651	745	769	725
沸点/℃	2970	1107	1487	1334	1140

2. 化学性质的比较

碱土金属原子最外层电子数都为 2 个，在发生化学反应时易失去而呈现出典型的金属性。随着核电荷数的递增，碱土金属电子层数逐渐增多，因此原子半径逐渐增大，失去最外层电子的倾向也逐渐增大，即金属性顺序为 Be＜Mg＜Ca＜Sr＜Ba。

 拓展提升

硬水及其软化

天然水长期和空气、土壤、岩石等接触，溶解了许多杂质，如某些无机盐、某些可溶性有机物和气体等，使天然水含有 Ca^{2+}、Mg^{2+} 等阳离子和 HCO_3^-、CO_3^{2-}、Cl^-、SO_4^{2-} 等阴离子。把含有较多 Ca^{2+} 和 Mg^{2+} 的水叫作硬水，把含有较少或不含 Ca^{2+} 和 Mg^{2+} 的水叫作软水，通常用水的硬度来衡量。硬度单位是度，1°相当于每升水中含 10mg 的氧化钙。8°以上者称为硬水，8°以下称为软水。

硬水分为暂时硬水和永久硬水两种。暂时硬水中的钙镁离子主要以酸式碳酸盐的形式存在。因为酸式碳酸氢盐不稳定，受热会分解生成更难溶于水的碳酸盐沉淀而除去。

$$Ca(HCO_3)_2 \xrightarrow{\triangle} CaCO_3 \downarrow + H_2O + CO_2 \uparrow$$

$$Mg(HCO_3)_2 \xrightarrow{\triangle} MgCO_3 \downarrow + H_2O + CO_2 \uparrow$$

永久硬水中的钙镁离子主要以硫酸盐和盐酸盐的形式存在，不能通过加热的方法除去。

水的硬度对日常生活都有一定影响。

硬水对生活的影响

硬水不仅对日常生活有影响，对化工生产、蒸汽动力工业、印染、纺织和医药等部门的生产和产品质量也会造成一定的危害。例如，工业锅炉如果长期使用硬水，锅炉内壁会生成锅垢，锅垢传热性能差，会导致锅炉导热能力下降，更严重的是锅垢和钢铁膨胀程度不同，会导致锅炉变形，甚至发生爆炸。因此有时需要对硬水进行处理，以减少其中的 Ca^{2+} 和 Mg^{2+} 含量，这一过程叫作水的软化。

硬水的软化方法有很多种，其方法通常有以下几种。

1. 煮沸法

这个方法可以使暂时硬水软化。暂时硬水经煮沸后，溶解在水中的 Ca^{2+} 和 Mg^{2+} 的碳酸氢盐会分解成更难溶于水的沉淀而从水中析出，从而使水的硬度降低。但这个方法不能去除永久硬水的硬度，而且要消耗很多燃料，所以常用的硬水软化方法有化学试剂法和离子交换法。

2. 化学试剂法

化学试剂法是指根据水中 Ca^{2+} 和 Mg^{2+} 的含量，加入适当的化学试剂，使其转化成沉淀析出。常用的化学试剂是石灰 $[Ca(OH)_2]$ 和纯碱（Na_2CO_3）。

暂时硬水的软化：

$$Ca(HCO_3)_2 + Ca(OH)_2 \longrightarrow 2CaCO_3\downarrow + 2H_2O$$

$$Mg(HCO_3)_2 + 2Ca(OH)_2 \longrightarrow 2CaCO_3\downarrow + Mg(OH)_2\downarrow + 2H_2O$$

$$Ca(HCO_3)_2 + Na_2CO_3 \longrightarrow CaCO_3\downarrow + 2NaHCO_3$$

永久硬水的软化：

$$CaSO_4 + Na_2CO_3 \longrightarrow CaCO_3\downarrow + Na_2SO_4$$

$$MgSO_4 + Na_2CO_3 \longrightarrow MgCO_3\downarrow + Na_2SO_4$$

$$MgSO_4 + Ca(OH)_2 \longrightarrow Mg(OH)_2\downarrow + CaSO_4$$

3. 离子交换法

离子交换软化是借助交换树脂来软化水的。离子交换树脂是一种带有可交换离子的高分子化合物，它分为阴离子交换树脂和阳离子交换树脂，通常用 $R'OH$ 和 RH 表示。用离子交换树脂能将水中的杂质离子全部去除，即能得到去离子水。发生以下反应：

$$2RH + Ca^{2+} \longrightarrow R_2Ca + 2H^+$$

$$2R'OH + SO_4^{2-} \longrightarrow R_2'SO_4 + 2OH^-$$

使用一段时间后的交换树脂，会失去交换能力。可用一定浓度的强酸和强碱分别来处理阳离子交换树脂和阴离子交换树脂，使其恢复交换能力。

$$R_2Ca + 2HCl \longrightarrow 2RH + CaCl_2$$

$$R_2'SO_4 + 2NaOH \longrightarrow 2R'OH + Na_2SO_4$$

离子交换法操作简单，占地面积小，软化后水质高，是目前工业生产和实验室中常用的方法。

第三节　铝及其化合物

学习导航

铝元素是地壳中含量最多的金属元素，总含量仅次于氧和硅。它位于元素周期表第三周期，第ⅢA族，它最外层电子数为 3 个，反应时容易失去，是比较活泼的金属元素。本节重点介绍铝及其化合物的性质。

看一看

生活中的铝

一、铝

铝在自然界中分布极广，主要以化合态形式存在于各种矿物和岩石中，如长石、云母、铝土矿（$Al_2O_3 \cdot H_2O$）和冰晶石（Na_3AlF_6）。

1. 铝的物理性质

铝是银白色有光泽的金属，密度 $2.7g/cm^3$，熔点 $660℃$。具有良好的导电性、导热性和延展性。

铝可以用于制造电线、高压电缆、热交换器、民用炊具等。铝还可以做成铝箔，用于香烟和食物等的包装。

2. 铝的化学性质

铝原子最外层电子数为 3，在发生化学反应时，较容易失去 3 个电子形成 ＋3 价铝离子，所以铝是比较活泼的金属。

（1）与氧气反应　铝在常温下，容易和空气中的氧气反应，生成一层致密的氧化物薄膜保护金属铝。因此铝在常温下很稳定，这一性质使铝制器具在生活中得到广泛的应用。但在加热或高温条件下，铝在氧气中燃烧，发出耀眼的白光，放出大量的热。

$$4Al + 3O_2 \xrightarrow{\text{点燃}} 2Al_2O_3$$

（2）与酸反应　铝能和稀盐酸或稀硫酸起反应，置换出酸中的氢。

$$2Al + 6HCl \longrightarrow 2AlCl_3 + 3H_2\uparrow$$

常温下，铝遇到浓硫酸或浓硝酸能在其表层形成致密的氧化物薄膜，即铝会钝化，因此可用铝制容器盛放和运输浓硫酸或浓硝酸。

（3）与碱反应　铝是两性金属，它既能和稀酸反应，还能和强碱溶液反应，形成偏铝酸盐。

$$2Al + 2NaOH + 2H_2O \longrightarrow 2NaAlO_2 + 3H_2\uparrow$$
$$\text{偏铝酸钠}$$

（4）与金属氧化物反应　铝能置换出活泼性比其弱的金属（如 Fe、Mn、Cr 等）氧化物中的金属单质，同时放出大量的热。

$$2Al + Fe_2O_3 \xrightarrow{\text{高温}} 2Fe + 2Al_2O_3$$

$$8Al + 3Fe_3O_4 \xrightarrow{\text{高温}} 9Fe + 4Al_2O_3$$

铝粉和氧化铁或四氧化三铁反应剧烈，放出大量的热，可使铁熔化。这种用铝从金属氧化物中置换出另一种金属的方法叫铝热法。铝粉和金属氧化物的混合物叫铝热剂。工业上常用铝热法焊接铁轨以及冶炼高熔点的金属（如 Cr、Mn 等）。

二、铝的重要化合物

1. 氧化铝

氧化铝（Al_2O_3）是一种难溶于水的白色粉末，熔点 2050℃。它是两性氧化物，既能溶于酸，又能溶于强碱。

$$Al_2O_3 + 6HCl \longrightarrow 2AlCl_3 + 3H_2O$$
$$Al_2O_3 + 2NaOH \longrightarrow 2NaAlO_2 + H_2O$$

天然的无色氧化铝晶体称为刚玉，人工高温烧结的氧化铝晶体叫人造刚玉。刚玉硬度 8.8，仅次于金刚石（硬度 10），熔点很高，是很好的耐高温材料，常被用来制成砂轮、研磨材料、耐高温实验仪器（如刚玉坩埚）和耐火材料。刚玉中含不同杂质时呈现出不同的颜色，例如含微量铬的氧化物时显红色，称为红宝石；含钛、铁的氧化物时则显蓝色，称为蓝宝石。它们不仅可以作为贵重的装饰品，还可以用于精密仪器的轴承，具体见图 4-3。

图 4-3　生活中的氧化铝

2. 氢氧化铝

氢氧化铝〔$Al(OH)_3$〕是一种难溶于水的白色固体。铝盐和氨水作用，可制得氢氧化铝胶体。氢氧化铝胶体吸附性很强，可以吸附水中的悬浮杂质，使其沉淀下来，达到净水的目的。

课堂实验

取一支试管，先加入 4mL 0.1mol/L 的 $AlCl_3$ 溶液，再逐滴加入 6mol/L 的氨水，边振荡边观察沉淀的生成。

$$AlCl_3 + 3NH_3 \cdot H_2O \longrightarrow Al(OH)_3 \downarrow + 3NH_4Cl$$

将上述实验所得沉淀等分于两支试管中，分别加入 2mol/L 的 HCl 和 NaOH 溶液，观察试管内发生的现象。

从实验中可以看到，两支试管中的沉淀都消失了，说明氢氧化铝既能溶于酸，又能溶于强碱，方程式如下：

$$Al(OH)_3 + 3HCl \longrightarrow AlCl_3 + 3H_2O$$

$$Al(OH)_3 + NaOH \longrightarrow NaAlO_2 + 2H_2O$$

氢氧化铝是两性氢氧化物，当其与氢氧化钠溶液反应时，生成偏铝酸钠。

氢氧化铝不仅可做净水剂，还可以用于治疗胃酸过多，如胃舒平的主要成分就是氢氧化铝。工业上，还常用氢氧化铝制备铝盐或氧化铝。

拓展提升

铂金、白金和白色 K 金的区别

铂（Pt），是一种天然形成的白色贵重金属。它天然白色的光泽、纯净稀有的特性使其一直被认为是最高贵的金属，常被叫作铂金。铂金首饰的纯度通常都高达 900‰～950‰，常见的铂金首饰纯度有 Pt900、Pt950。根据国家规定，只有铂金含量在 850‰ 及以上的首饰才能被称为铂金首饰。

多年来，老百姓习惯称呼铂金为白金。然而不是所有的白色金属都可以称作白金。铂金与其他白色金属在历史传承、物理属性、价格等方面有非常明显的区别，只有铂金可以被称作白金。

你能区别白金和白色 K 金吗？

铂金与白色 K 金是完全不同的金属。白色 K 金的主要成分是黄金（Au），是由黄金与其他金属（如钯、镍、银、铜、锌等）熔炼而成的白色合金，它的主要成分仍然是黄金。因此它是黄金和其他金属的混合物，而不是铂金（白金）。

区分铂金和其他白色金属最直接的方法是寻找首饰内的铂金专有标志——Pt。根据规定，每一件铂金首饰的背面都必须刻有铂金的专有标志：铂（铂金、白金）或 Pt，并在标志后带有表示铂金纯度（含铂量）的千分数，如铂（铂金、白金）950、Pt950、Pt990（足铂）、Pt999（千足铂）。它就像铂金的身份证，能带来铂金品质的保证。

铂金和白色 K 金戒指

第四节　铁及其化合物

📚 **学习导航**

　　铁在地壳中含量居第四位，在金属含量中仅次于铝，是目前产量最大、运用最普遍的金属。目前发现的最早的铁制物件是来自 3400 年前的古埃及，研究表明它们来自流星。中国是最早发现和掌握炼铁技术的国家之一。本节主要介绍铁及其化合物的性质。

🔍 **看一看**

各种铁矿石

　　铁在自然界中分布很广，主要以各种铁矿石的形式存在。主要的铁矿石有磁铁矿（Fe_3O_4）、赤铁矿（Fe_2O_3）、黄铁矿（FeS_2）等。

一、铁

1. 铁的物理性质

纯净的铁是银白色有光泽的固体，密度 $7.86g/cm^3$，熔点 1535℃。铁具有优良的导电性、导热性和延展性，还能被磁铁吸引，具有铁磁性。

2. 铁的化学性质

铁是中等活泼的金属，常见的化合价是＋2 和＋3 价。

（1）与非金属反应　常温下，铁和氧、氯、硫等非金属不起明显的反应。但在一定条件下，铁能和氧、氯、硫等非金属起反应。

$$3Fe+2O_2 \xrightarrow{\text{点燃}} Fe_3O_4$$

$$2Fe+3Cl_2 \xrightarrow{\text{点燃}} 2FeCl_3$$

$$Fe+S \xrightarrow{\triangle} FeS$$

思考与讨论

铁与氯、硫反应时，为什么生成物中铁元素的化合价不一样？

（2）与酸反应　铁与稀盐酸或稀硫酸反应，生成亚铁盐，放出氢气。

$$Fe+2HCl \longrightarrow FeCl_2+H_2\uparrow$$

常温下，铁遇到浓硫酸或浓硝酸能在其表层形成致密的氧化物薄膜，即铁会钝化，因此可用铁制容器盛放和运输浓硫酸或浓硝酸。

（3）与盐溶液反应　铁能把活动性比其弱的金属从其盐溶液中置换出来，生成亚铁盐。

$$Fe+CuSO_4 \longrightarrow FeSO_4+Cu$$

（4）与水反应　高温时，铁能和水蒸气起反应，生成四氧化三铁，放出氢气。

$$3Fe+4H_2O \xrightarrow{\text{高温}} Fe_3O_4+4H_2\uparrow$$

铁在常温下不与水起反应，但是在潮湿的空气里，铁在水、氧气、二氧化碳等的共同作用下，能逐渐生锈而被腐蚀。

二、铁的化合物

1. 铁的氧化物

铁的常见氧化物有氧化亚铁（FeO）、氧化铁（Fe_2O_3）和四氧化三铁（Fe_3O_4）等。

FeO 是一种黑色粉末，不溶于水，加热时可被氧化成 Fe_3O_4。

Fe_2O_3 是一种红棕色粉末，不溶于水，俗称铁红。有很强的着色能力，广泛应用于油漆、陶瓷等的颜料。

Fe_3O_4 是具有铁磁性的黑色粉末，俗称磁性氧化铁。Fe_3O_4 是一种复杂的化合物，可以看作是 FeO 和 Fe_3O_4 组成的复杂化合物（$FeO \cdot Fe_3O_4$）。通常用作颜料和抛光剂，也可用于制造录音磁带和电讯器材。

FeO、Fe_2O_3 都是碱性氧化物，能与酸作用，分别生成亚铁盐和铁盐。

$$FeO + 2HCl \longrightarrow FeCl_2 + H_2O$$
$$Fe_2O_3 + 6HCl \longrightarrow 2FeCl_3 + 3H_2O$$

2. 铁的氢氧化物

铁的氢氧化物有两种：氢氧化亚铁 $[Fe(OH)_2]$ 和氢氧化铁 $[Fe(OH)_3]$。

课堂实验

取两支试管，分别加入 3mL $FeSO_4$ 和 3mL $FeCl_3$ 溶液，各逐滴加入 $NaOH$ 溶液，观察现象，填写下表。

项　　目	$FeSO_4$	$FeCl_3$
现象		
方程式		

$Fe(OH)_2$ 是白色絮状沉淀，在空气中很不稳定，能被氧化成红褐色的 $Fe(OH)_3$ 沉淀。

$$4Fe(OH)_2 + O_2 + 2H_2O \longrightarrow 4Fe(OH)_3$$

$Fe(OH)_2$ 和 $Fe(OH)_3$ 都是难溶性碱，都能与酸作用，分别生成亚铁盐和铁盐。

$$Fe(OH)_2 + 2HCl \longrightarrow FeCl_2 + 2H_2O$$

$$Fe(OH)_3 + 3HCl \longrightarrow FeCl_3 + 3H_2O$$

$Fe(OH)_3$ 不稳定，加热后，会失去水生成红棕色固体 Fe_2O_3。

$$2Fe(OH)_3 \xrightarrow{\triangle} Fe_2O_3 + 3H_2O$$

三、 Fe^{3+} 的检验

取两支试管，分别加入 2mL 0.1mol/L $FeCl_2$ 和 2mL 0.1mol/L $FeCl_3$，各滴入几滴 0.5mol/L KSCN 溶液，观察现象。

通过实验看到，铁盐遇到 KSCN 会显血红色，而亚铁盐遇到 KSCN 不会显血红色，故可用 KSCN 溶液检验 Fe^{3+} 的存在。

$$FeCl_3 + 3KSCN \longrightarrow Fe(SCN)_3 + 3KCl$$

拓展提升

人体中的铁

铁是人体不可缺少的微量元素，成人体内含有 4～5g 铁，其中 72% 存在于红细胞的血红蛋白中，3% 以肌红蛋白、0.2% 以其他化合物形式存在；其余则为贮备铁，以铁蛋白的形式贮存于肝脏、脾脏和骨髓的网状内皮系统中，约占总铁量的 25%。

铁对人体的作用主要表现在参与氧的运输和贮存。血红蛋白是运输氧气的载体；+2 价铁是血红蛋白的组成成分，与肺部呼吸作用吸入的氧结合，运输到身体的每一个部分，供人体组织进行氧化作用；人体内的肌红蛋白存在于肌肉之中，含有亚铁血红素，也结合着氧，是肌肉中的"氧库"。当运动时肌红蛋白中的氧释放出来，随时供应肌肉活动所需的氧。

人体缺少铁，会造成缺铁性贫血。因为缺铁会导致血红蛋白减少，使输氧功能减弱而产生各种疾病。铁在人体代谢过程中能循环使用，但代谢过程或出血等情况会使铁流失。所以平时需要食用一些含铁丰富的食品来补充铁，缺铁严重的需要在医生的指导下服用补铁剂，如硫酸亚铁补铁剂。不过人体内如果铁内贮存过多，反而会对人体的脏器产生危害。

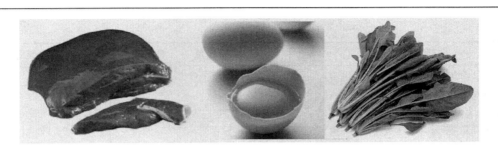

含铁丰富的食物

实验二　怎样除去氯化铝中混有的氯化铁

【实验目的】

1. 理解氢氧化铝两性的知识。

2. 初步学会用离心分离法除去杂质的方法。

【实验用品】

实验仪器：

离心试管、电动离心机、托盘天平、量筒、玻璃棒、烧杯（100mL）、胶头滴管。

实验药品：

0.1mol/L AlCl$_3$、0.1mol/L FeCl$_3$、0.2mol/L HCl、0.2mol/L NaOH、0.1mol/L 硫氰化钾（KSCN）溶液。

【实验步骤】

实验步骤	实验现象	解释和结论
1. 在试管中加入 1mL 0.1mol/L AlCl$_3$ 溶液，然后逐滴加入 0.2mol/L NaOH 溶液直到溶液中沉淀完全消失，估计耗用氢氧化钠溶液的体积	观察到 _____ _____ ____。 耗用的氢氧化钠的体积约 _____ mL（注：1mL 约为 20 滴）	反应的化学方程式：
2. 在另一试管中加入 1mL 0.1mol/L FeCl$_3$ 溶液，然后加入与上述实验相同体积的 0.2mol/L NaOH 溶液，振荡试管	观察到 _____ _____	反应的化学方程式：

实验步骤	实验现象	解释和结论
3. 用量筒量取 0.1mol/L AlCl$_3$ 溶液 4mL,倒入小烧杯中,在烧杯里再加入 0.1mol/L FeCl$_3$ 溶液 0.5mL,然后用洁净的量筒量取 0.2mol/L NaOH 溶液 10mL,倒入烧杯中,用玻璃棒搅拌	观察到_____ _____	
4. 取 2 支 10mL 离心试管,在一支离心试管中倒入 10mL 混合溶液,另一支离心试管中倒入约 10mL 的水,称量平衡后,进行离心分离	在离心分离后的试管中观察,上层呈_____,下层呈_____	
5. 取两支 10mL 试管,一支试管中,加入离心分离后的上层清液 2mL,另一试管中加入 0.1mol/L FeCl$_3$ 溶液 1mL,再分别滴入一滴 KSCN 溶液	在氯化铁溶液中加入硫氰化钾溶液后,观察到_____ 分离后的清液中加入硫氰化钾溶液,观察到_____	结论:(分离后的溶液中 Fe^{3+} 是否存在) 经离心分离后的溶液中的 Fe^{3+} _____
6. 取 10mL 试管,加入离心分离后的上层清液 2mL,再逐滴滴加 0.2mol/L HCl 溶液,直到溶液澄清	在溶液中滴加盐酸,观察到_____	反应的化学方程式: _____

【思考讨论】

怎样检验离心分离后的清液中是否存在 Fe^{3+}?

*第五节　用途广泛的金属材料

学习导航

　　金属材料和人类文明的发展、社会的进步息息相关。曾经的青铜器时代、铁器时代,均以金属材料的应用为其时代的显著标志。现代,种类繁多的金属材料已成为人类社会发展的重要物质基础。通常使用的金属材料多为合金,本节主要介绍铁合金、铝合金和铜合金。

铝合金门窗

不锈钢锅

钛合金相机壳

几种生活中的常见合金

金属材料是指金属元素或以金属元素为主构成的具有金属特性的材料的统称。通常使用的金属材料绝大多数是合金，因为纯金属的性能往往不能同时满足某些需要和用途。合金是由两种或两种以上的金属（或金属和非金属）熔合而成的具有金属特性的物质。它比纯金属具有更多优良的性能，在工农业生产和日常生活中用途非常广泛。下面介绍三种常见合金。

一、铁合金

应用最广泛的合金是铁和碳形成的合金，即生铁和钢。它们的区别主要是含碳量的不同，具体见表 4-5。

表 4-5　生铁和钢

铁合金	生铁	钢
含碳量/%	2～4.3	0.03～2
机械性能	硬而脆	硬而韧
机械加工	可铸不可锻	可铸可锻

按钢的化学成分的不同，可将其分为碳素钢和合金钢两种。碳素钢是最常用的普通钢，冶炼方便、价格便宜，而且在多数情况下能满足使用要求，所以应用十分普遍。按含碳量不同，碳素钢又分为低碳钢、中碳钢和高碳钢。含碳量越高，碳素钢的硬度越大，含碳量越低，韧性越大。合金钢又叫特种钢，在碳素钢的基础上加入一种或多种合金元素，从而具有一些特殊性能，如高硬度、高耐磨性、高韧性、耐腐蚀性等等。经常加入钢中的合金元素有 Si、W、Mn、Cr、Ni、Mo、V、Ti 等。

二、铝合金

铝是应用最广泛的有色金属，在纯铝中适当加入 Cu、Mg、Mn、Zn、Si 等元素即形成铝合金（见表 4-6）。

表 4-6　铝和铝合金

项目	纯铝	铝合金
成分	Al	Al（Cu、Mg、Mn、Zn、Si 等）
性能	导电导热性好、硬度强度小	密度小、强度高、耐腐蚀
用途	科研、化学工业、电子工业	航空航天、汽车、机械制造、船舶等

铝合金在生活中用途非常广泛（见图 4-4）。

图 4-4　铝合金的用途

三、铜合金

铜合金以纯铜为基体加入一种或几种其他元素所构成的合金。常见的铜合金分为青铜、黄铜、白铜三大类，见表 4-7 和图 4-5。

表 4-7　铜合金成分和用途

铜合金	主要成分	用途
青铜	Cu-Sn	制造轴承、蜗轮、齿轮、船用螺旋精密弹簧和电接触元件等
黄铜	Cu-Zn	制造阀门、水管、空调内外机连接管和散热器
白铜	Cu-Ni	制造精密机械、眼镜配件、化工机械和船舶构件

图 4-5　铜合金的用途

超导材料

超导是指有些在温度接近绝对零度的时候，材料内部电阻趋近于零的性质，人们把处于超导状态的材料叫作超导材料或超导体。超导体的两个重要特性是零电阻和抗磁性。超导现象是1911年荷兰物理学家卡末林·昂内斯（H. Kamerlingh-Onnes）发现的，他发现在-268.85℃（-4.3K），汞的电阻突然消失，他把这种性质称为"超导电性"。抗磁性是1933年，迈斯纳（W. Meissner）和奥克森菲尔德（R. Ochsebfekd）两位科学家发现的。他们发现当金属处在超导状态时，材料电阻消失的同时，材料内的磁感应强度为零，这种现象称为抗磁性。

超导材料可以分为纯金属、合金和化合物三类。①纯金属：到目前为止，共发现28种纯金属具有超导性。②合金：超导元素加入某些其他元素作合金成分，可以使超导材料的全部性能提高，如铌钛合金。③化合物：超导元素与其他元素化合常有很好的超导性能，如锡化铌（Nb_3Sn）。

超导材料的用途非常广阔，以NbTi、Nb_3Sn为代表的实用超导材料已实现了商品化，在核磁共振人体成像（NMRI）、超导磁体及大型加速器磁体等多个领域获得了应用。超导材料可制成超导发电机、超导电缆。超导发电机的电机容量是常规发电机的5～10倍，超导电缆可以把电力几乎无损耗地输送给用户。超导材料还可用于制造磁悬浮列车和超导计算机等。如上海浦东国际机场的磁悬浮列车，设计时速430km/h，仅次于飞机的飞行时速；若利用电阻接近于零的超导材料制作计算机，则可使计算机的速度大大提高。

本章小结

碱金属： Li、Na、K、Rb、Cs	Na	银白色、质软；与氧气、水反应
	NaOH	强碱，具有所有碱的通性，易潮解
	Na_2CO_3、$NaHCO_3$	与酸反应 / $NaHCO_3$不稳定
	Li、Na、K、Rb、Cs	金属性：Li＜Na＜K＜Rb＜Cs
碱土金属： Be、Mg、Ca、Sr、Ba	Mg	与氧气、水、酸和二氧化碳反应
	MgO	碱性氧化物，与酸反应
	$Mg(OH)_2$	弱碱，不稳定受热易分解
	Be、Mg、Ca、Sr、Ba	金属性：Be＜Mg＜Ca＜Sr＜Ba

Al	Al	与氧气、酸、强碱、金属氧化物反应
	Al_2O_3	两性氧化物，与强酸、强碱反应
	$Al(OH)_3$	两性氢氧化物，与强酸、强碱反应
Fe	Fe	与非金属、酸、盐、水反应
	FeO、Fe_2O_3、Fe_3O_4	碱性氧化物，与酸反应
	$Fe(OH)_2$、$Fe(OH)_3$	弱碱，与酸反应 / $Fe(OH)_2$ 空气中不稳定

 习题

一、选择题

1. 金属钠比钾（　　　）。

A. 原子半径大　　　　B. 金属性强　　　　C. 还原性弱　　　　D. 性质活泼

2. 在盛有氢氧化钠溶液的试剂瓶口，常看到有白色的固体，它是（　　　）。

A. NaOH 晶体　　　　B. Na_2CO_3 晶体　　　C. NaCl 晶体　　　D. $CaCO_3$ 粉末

3. 铝在人体内积累可使人慢性中毒，1989 年世界卫生组织正式将铝定为"食品污染源之一"而加以控制。铝在下列使用场合须加以控制的是（　　　）。

①糖果香烟内包装　②电线电缆　③牙膏皮　④氢氧化铝胶囊（作内服药）⑤用明矾净水　⑥用明矾和小苏打混合物作食品膨化剂　⑦制造炊具和餐具　⑧制防锈漆

A. ①③④⑤⑥⑦　　　B. ②③④⑤⑥　　　C. ②③⑤⑦⑧　　　D. 全部

4. a、b、c、d、e 分别是 Cu、Ag、Fe、Al、Mg 5 种金属中的一种。已知：（1）a、c、e 均能与稀硫酸反应放出气体；（2）b 与 d 的硝酸盐反应，置换出单质 d；（3）c 与强碱反应放出气体；（4）c、e 在冷浓硫酸中发生钝化。由此可判断 a、b、c、d、e 依次为（　　　）。

A. Fe Cu Al Ag Mg　　　　　　　　B. Al Cu Mg Ag Fe

C. Mg Cu Al Ag Fe　　　　　　　　D. Mg Ag Al Cu Fe

5. 下列各组物质，在常温下能反应生成气体的是（　　　）。

A. 铁与浓硝酸　　　B. 铝跟浓硫酸　　　C. 铜跟稀硫酸　　　D. 铜跟浓硝酸

6. 钠与水反应时的现象与钠下列性质无关的是（　　　）。

A. 熔点低　　　　B. 密度小　　　　C. 硬度小　　　　D. 还原性强

二、填空题

1. NaOH 俗名为_____或_____，Na_2CO_3 俗名为_____或_____，$NaHCO_3$ 俗名为_____。

2. 钠在自然界里不能以_____态存在，只能以_____态存在，这是因为_____。

3. 镁是活泼金属，但在空气中稳定，原因是_____。

4. Fe(OH)$_2$ 是_____固体，_____溶于水，在空气中不稳定，会和_____反应，方程式为_____。

三、计算题

现有 Na$_2$CO$_3$、NaHCO$_3$、NaCl 的固体混合物共 6g，把它们加强热到质量不再减轻，冷却后称量得 5.07g。在残余固体中加入过量的盐酸，产生 CO$_2$ 1.32g。问：原混合物中 Na$_2$CO$_3$、NaHCO$_3$、NaCl 质量分别为多少？

第五章
化学基本量及相关计算

物质是由原子、分子、离子等微观粒子组成的。物质间发生的化学反应是原子、分子、离子之间按一定数目关系进行的。由于反应是在微观粒子间进行的，无法用肉眼直接观察到，用已知的那些计量单位又无法直接进行衡量。那么，如何将微观粒子与可称量的宏观物质联系起来呢？科学上用"物质的量"这一物理量。

第一节　物质的量及相关计算

学习导航

在化学实验和企业生产中，所用的物质都是可称量的、看得见的。那么，如何既了解物质的宏观量（如质量、体积），同时又知道其所含的微观粒子的数量？通过"物质的量"这一国际单位制中基本的物理量，可以进行表述。

看一看

微观水分子　　　　　　　　　　　　宏观物质水

一、物质的量

1. 物质的量及其单位

物质的量表示的是物质基本单元数目量的多少，与长度、质量等一样，是一个物理量，用符号 n 表示，它的单位是摩尔，符号为 mol。

国际单位制中规定：1mol 任何物质所含有的基本单元（即原子、分子、离子、电子及其他微粒或者是这些微粒的特定组合体）数与 12g ^{12}C 所含的原子数目相等。

12g ^{12}C 中碳原子数目是多少呢？实验测定：约含有 $6.02×10^{23}$ 个，此数值称为阿伏伽德罗常数，用符号 N_A 表示。因此，1mol 物质含有的基本单元数是 $6.02×10^{23}$ 个。

例如：0.5mol 氧原子含有 $0.5×6.02×10^{23}$ 个氧原子；

　　　　1mol 氧原子含有 $1×6.02×10^{23}$ 个氧原子；

　　　　1mol 氧分子含有 $1×6.02×10^{23}$ 个氧分子；

　　　　2mol 氢氧根离子含有 $2×6.02×10^{23}$ 个氢氧根离子。

必须注意使用物质的量时应指明物质的基本单元，例如，1mol H_2 含有 $6.02×10^{23}$ 个氢分子，相当于含有 2mol 的氢原子，即含有 $2×6.02×10^{23}$ 个氢原子。

练一练

请计算下列微观粒子的数目，并写出计算过程。

（1）0.03mol 氯气分子的个数＿＿＿＿＿＿＿＿＿＿＿＿＿＿＿＿；

（2）2mol 氢氧化钠中氢氧根离子的个数＿＿＿＿＿＿＿＿＿＿＿；

（3）5mol 氮气中 N 原子的个数＿＿＿＿＿＿＿＿＿＿＿＿＿＿；

（4）10mol 硫酸中氢原子的个数＿＿＿＿＿＿＿＿＿＿＿＿＿＿。

---

2. 物质的量与基本单元数成正比

$$物质的量(n) = \frac{物质的基本单元数(N)}{阿伏伽德罗常数(N_A)}$$

思考与讨论

2mol 钠所含原子数和 1mol 水所含原子数，哪个多？

二、摩尔质量

1mol 物质的质量为摩尔质量，用符号 M 表示，常用单位为 g/mol。不同物质的摩尔质量不同，因此 1mol 物质的质量也不同。摩尔质量、物质的质量和物质的量之间的关系可用下式表示：

$$M = \frac{m}{n}$$

由摩尔的定义可知，1mol ^{12}C 原子的质量是 12g，上述公式计算得 ^{12}C 原子的摩尔质量：

$$M = 12g/mol$$

任何物质的摩尔质量在以 g/mol 为单位时，数值上等于其化学式相对式量。

例如：氧分子的摩尔质量 $M(O_2) = 32g/mol$；

水分子的摩尔质量 $M(H_2O) = 18g/mol$；

硫原子的摩尔质量 $M(S) = 32g/mol$；

硫酸根离子的摩尔质量 $M(SO_4^{2-}) = 96g/mol$。

电子的质量极其微小，失去或得到的电子质量可以忽略不计。

练一练

请写出下列粒子的摩尔质量。

（1）氯化钠分子 _____ ；（2）碳酸根离子 _____ ；

（3）铁原子 _____ ；（4）二氧化碳分子 _____ 。

思考与讨论

在乙醇（C_2H_6O）中，碳、氢、氧元素间的质量比是多少？

三、物质的量基本计算

通过物质的量就可以将微观粒子与可称量的宏观物质联系起来。

$$n = \frac{N}{N_A} = \frac{m}{M}$$

【例 5-1】 计算 128g 二氧化硫的物质的量是多少？含有多少个二氧化硫分子？$[M(SO_2) = 64g/mol]$

解
$$n\left(SO_2\right)=\frac{m\left(SO_2\right)}{M\left(SO_2\right)}=\frac{128g}{64g/mol}=2mol$$

$$N\left(SO_2\right)=nN_A=2mol\times6.02\times10^{23}\text{个/mol}=1.204\times10^{24}\text{个}$$

答：128g 二氧化硫的物质的量是 2mol，含有 1.204×10^{24} 个二氧化硫分子。

【例 5-2】 计算 0.5mol 氢氧化钠的质量是多少 g？含有多少个氢氧根离子？ $[M\left(NaOH\right)=40g/mol]$

解
$$m\left(NaOH\right)=nM\left(NaOH\right)=0.5mol\times40g/mol=20g$$

$$N\left(OH^-\right)=N\left(NaOH\right)=nN_A=0.5mol\times6.02\times10^{23}\text{个/mol}=3.01\times10^{23}\text{个}$$

答：0.5mol 氢氧化钠的质量是 20g，含有 3.01×10^{23} 个氢氧根离子。

【例 5-3】 32g 硫的原子数与多少 g 的铜原子数相同？

解 由 $N\left(S\right)=N\left(Cu\right)$ 得，$n\left(S\right)=n\left(Cu\right)$

$$\frac{m\left(S\right)}{M\left(S\right)}=\frac{m\left(Cu\right)}{M\left(Cu\right)}\qquad\frac{32g}{32g/mol}=\frac{m\left(Cu\right)}{64g/mol}\qquad\text{得 } m\left(Cu\right)=64g$$

答：32g 硫的原子数与 64g 的铜原子数相同。

 思考与讨论

物质的量如何将物质的宏观数量与其所含微观粒子的数量联系起来？

 拓展提升

国际单位制简介

国际单位制（SI），源自公制或米制，旧称万国公制，是世界上最普遍采用的标准度量衡单位系统，采用十进制进位系统。国际单位制是国际计量大会（CGPM）采纳和推荐的一种一贯单位制。

1948 年第 9 届国际计量大会根据决议，责成国际计量委员会（CIPM）"研究并制定一整套计量单位规则"，力图建立一种科学实用的计量单位制。1954年第 10 届国际计量大会决议，决定采用长度、质量、时间、电流、热力学温度和发光强度 6 个量作为实用计量单位制的基本量。1960 年第 11 届国际计量大会按决议，把这种实用计量单位制定名为国际单位制，以 SI 作为国际单位制通用的缩写符号；制定用于构成倍数和分数单位的词头（称为 SI 词头）、SI 导出单位和 SI 辅助单位的规则以及其他规定，形成一整套计量单位规则。1971 年第 14 届国际计量大会决议，决定在前面 6 个量的基础上，增加"物质的量"作为国际单位制的第 7 个基本量，并通过了以它们的相应单位作为国际单位制的基本单位。基本单位在量纲上彼此独立。

在国际单位制中，除了基本单位，还分为导出单位和辅助单位。导出单位很多，都是由基本单位组合起来而构成的。辅助单位目前只有两个，都是几何单位。当然，辅助单位也可以再构成导出单位。各种物理量通过描述自然规律的方程及其定义而彼此相互联系。为了方便，选取一组相互独立的物理量，作为基本量，其他量则根据基本量和有关方程来表示，称为导出量。

国际单位制（SI）的 7 个基本单位

物理量	单位名称	单位符号
长度	米	m
质量	千克（公斤）	kg
时间	秒	s
电流	安[培]	A
热力学温度	开[尔文]	K
物质的量	摩[尔]	mol
发光强度	坎[德拉]	cd

第二节 气体摩尔体积及相关计算

学习导航

1mol 任何物质都含有相同数目的基本单元，但质量却不相同。那么 1mol 任何物质的体积是否也不相同呢？若相同，物质的体积与物质的量之间的关系是如何呢？本节我们就来讨论一下。

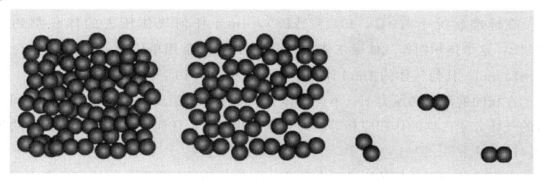

| 固体 | 液体 | 气体 |

相同体积下不同形态物质所含分子数不同

课堂实验

1. 比较 1mol 固体和液体的体积。

在相同的实验条件下，观察 1mol 氯化钠的体积、1mol 无水硫酸铜的体积和 1mol 水的体积是否相同。

分析原因：_____

实验结论：_____

2. 比较在标准状况下（0℃，101.325kPa），1mol 气体的体积。

物质名称	物质的量/mol	微粒数/个	物质的质量/g	密度/(g/L)	体积/L
H_2	1			0.0899	
O_2	1			1.429	
CO_2	1			1.964	

分析原因：_____

实验结论：_____

思考与讨论

从微观粒子角度分析决定物质体积大小的因素是什么？

一、气体摩尔体积

在标准状况下（0℃，101.325kPa），1mol 任何气体所占的体积都约是 22.4L，这个体积叫作气体摩尔体积，符号为 V_m，常用单位为 L/mol，即 $V_m \approx$ 22.4L/mol。任何气体的1mol体积里都含有 6.02×10^{23} 个气体基本单元。

在相同的温度和压力下，不同气体分子间的平均距离是相同的，因而相同数目的气体分子占据的体积应相等，即在标准状况下，任何气体的摩尔体积都约为 22.4L/mol。

在标准状况下，气体标准摩尔体积、气体的物质的量和气体体积三者之间的关系是：

$$n = \frac{V}{V_m}$$

在相同的温度和压力下，相同体积的任何气体都含有相同数目的分子，这个关于气体的定律称为阿伏伽德罗定律。阿伏伽德罗定律只适合于气态物质。

练一练

1. 在标准状况下，计算下列气体的物质的量。

（1）44.8L氯气的物质的量_____；（2）5.6L氨气的物质的量_____。

2. 在标准状况下，计算下列气体的体积。

（1）6mol氢气的体积_____；（2）0.1mol二氧化碳的体积_____。

思考与讨论

在标准状况下，比较1L空气（相对分子质量29）和1L氧气的质量。

二、气体摩尔体积基本计算

标准状况下，气体的体积与物质的量、质量、基本单元数的关系：

$$n = \frac{N}{N_A} = \frac{m}{M} = \frac{V}{V_m}$$

【例5-4】 计算2.2g二氧化碳的物质的量是多少？在标准状况下所占的体积是多少？

解　二氧化碳的摩尔质量是 $M(CO_2)=44g/mol$，物质的量为：

$$n(CO_2)=\frac{m(CO_2)}{M(CO_2)}=\frac{2.2g}{44g/mol}=0.05mol$$

标准状况下，二氧化碳的体积为：

$$V(CO_2)=n(CO_2)V_m=0.05mol\times22.4L/mol=1.12L$$

答：2.2g 二氧化碳的物质的量是 0.05mol，在标准状况下所占的体积是 1.12L。

【例 5-5】　计算标准状况下，11.2L 氧气的质量等于多少克？

解　氧气的物质的量　$n(O_2)=\frac{V}{V_m}=\frac{11.2L}{22.4L/mol}=0.5mol$

氧气的质量　$m(O_2)=n(O_2)M(O_2)=0.5mol\times32g/mol=16g$

答：标准状况下，11.2L 氧气的质量为 16g。

【例 5-6】　已知在标准状况下，某气体的质量为 20.12g，体积为 8.96L，求该气体的相对分子质量是多少？

解　在标准状况下，该气体的物质的量为 $n=\frac{V}{V_m}=\frac{8.96L}{22.4L/mol}=0.4mol$

气体的摩尔质量为 $M=\frac{m}{n}=\frac{20.12g}{0.4mol}=50.3g/mol$

则该气体的相对分子质量为 50.3。

答：该气体的相对分子质量是 50.3。

思考与讨论

能否用 $V=nV_m$ 来求溶液的体积？请解释原因。

拓展提升

根据阿伏伽德罗定律，可以得到：

同温同压下，相同体积的两种气体的物质的量相同。

用 M_A、M_B 代表两种气体的摩尔质量，则两种气体的质量分别为 nM_A 和 nM_B，两种气体的体积都是 V，它们的密度比为：

$$\frac{\rho_A}{\rho_B} = \frac{\dfrac{nM_A}{V}}{\dfrac{nM_B}{V}} = \frac{M_A}{M_B}$$

因而得出：同温同压下，各种气体密度与它们的相对分子质量成正比。也就是说，同温同压下，同体积的气体，相对分子质量大的比相对分子质量小的质量大。如氧气的相对分子质量为 32，氨气的相对分子质量为 17，在同温同压下氧气比氨气重。

第三节　溶液的浓度及相关计算

以前人们常用溶质的质量分数 w 表示溶液浓度。在取用溶液时，一般是量取它的体积。但是，仅仅从量取溶液的体积，无法直接得出溶液的质量。同时，物质在发生化学反应时，反应物的物质的量之间存在着一定的关系。因此，引入了一种表示溶液浓度的方法——物质的量浓度。

看一看

质量分数浓度表示

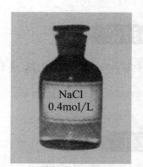

物质的量浓度表示

一、物质的量浓度

以单位体积溶液里所含溶质的物质的量来表示溶液组成的物理量，叫作溶质的物质的量浓度。用符号 c 表示，单位是 mol/L。

溶液的物质的量浓度可用下式表示：

$$物质的量浓度 = \frac{溶质的物质的量}{溶液的体积}$$

即

$$c = \frac{n}{V}$$

例如：若 1L 硫酸溶液中含 1mol（98g）硫酸，则硫酸溶液浓度表示为 1mol/L；

若 1L 溶液中含 0.5mol（20g）氢氧化钠，则氢氧化钠溶液浓度表示为 0.5mol/L；

若 1L 溶液中含 0.1mol 的氯离子，则氯离子的浓度是 0.1mol/L。

练一练

写出下列溶液的物质的量浓度。

（1）500mL NaOH 溶液中含有 0.25mol NaOH，则 NaOH 溶液的物质的量浓度为 _____；溶液中 OH^- 的物质的量浓度为 _____。

（2）1L H_2SO_4 溶液中含 0.2mol H_2SO_4，则 H_2SO_4 溶液浓度表示为 _____；溶液中 H^+ 的物质的量浓度为 _____。

思考与讨论

比较 5% 硫酸铜溶液和 0.4mol/L 氯化钠溶液浓度的含义。当分别取 5mL 上述硫酸铜溶液和氯化钠溶液，取得的硫酸铜和氯化钠的物质的量各为多少？

课堂实验

配制 200mL 氯化钠溶液，其中溶质的物质的量为 0.2mol。请用固体氯化钠试剂，完成配制。配制的氯化钠溶液物质的量浓度是多少？

实验用品：_____

实验步骤：_____

_____

二、溶液物质的量浓度基本计算

（1）已知溶液的物质的量浓度，求一定体积的溶液中溶质的质量。

【例 5-7】 配制 100mL 0.2mol/L 氯化钠溶液，需称取氯化钠多少克？

解 溶液中氯化钠的物质的量为：

$$n(NaCl)=cV=0.2mol/L \times 0.1L=0.02mol$$

需要称取氯化钠的质量：

$$m(NaCl)=n(NaCl)M(NaCl)=0.02mol \times 58.5g/mol=1.17g$$

答：需称取氯化钠 1.17g。

（2）已知溶质的质量和溶液的体积，求溶液的物质的量浓度。

【例 5-8】 称取 0.4g 氢氧化钠，配制成 100mL 溶液，该溶液的物质的量浓度是多少？

解 氢氧化钠物质的量为：

$$n(NaOH)=\frac{m(NaOH)}{M(NaOH)}=\frac{0.4g}{40g/mol}=0.01mol$$

溶液的物质的量浓度：

$$c(NaOH)=\frac{n(NaOH)}{V}=\frac{0.01mol}{0.1L}=0.1mol/L$$

答：溶液的物质的量浓度是 0.1mol/L。

（3）质量分数与物质的量浓度之间换算。

【例 5-9】 37％的盐酸，密度为 $1.19g/cm^3$，求其物质的量浓度。

解 用质量分数或物质的量浓度两种方法表示该溶液的组成时，同体积盐酸中所含 HCl 的质量是相等的。设该溶液的物质的量浓度为 c，体积为 V。

$$1000V \times 1.19g/mL \times 37％=cV \times 36.5g/mol$$

$$c=\frac{1000V \times 1.19g/mL \times 37％}{V \times 36.5g/mol}=12.06mol/L$$

答：该盐酸的物质的量浓度为 12.06mol/L。

由上述计算过程可以得到质量分数和物质的量浓度的换算式：

$$c=\frac{1000\rho w}{M}$$

式中　ρ——溶液的密度，g/mL；

$\quad\quad w$——溶质的质量分数；

$\quad\quad M$——溶质的摩尔质量，g/mol；

c——溶质的物质的量浓度，mol/L。

（4）有关溶液稀释的计算。

【例 5-10】 实验室用 18.4mol/L 的浓硫酸 10mL，加水稀释至 50mL，求所得硫酸溶液的物质的量浓度。

解 由 $n=cV$ 得，$c_{浓}V_{浓}=c_{稀}V_{稀}$

$$18.4\text{mol/L} \times 0.01\text{L}=c_{稀} \times 0.05\text{L}$$

$$c_{稀}=3.68\text{mol/L}$$

答：硫酸的物质的量浓度为 3.68mol/L。

思考与讨论

在溶液稀释的过程中哪些量没有发生变化？

拓展提升

混合溶液物质的量浓度的计算

例：50mL 0.5mol/L $BaCl_2$ 溶液和 100mL 0.5mol/L NaCl 溶液混合后，求溶液中 Cl^- 的物质的量浓度（设溶液体积变化忽略不计）。

解：

$$c(Cl^-)=\frac{50\text{mL} \times 0.5\text{mol/L} \times 2+100\text{mL} \times 0.5\text{mol/L}}{50\text{mL}+100\text{mL}}=0.67\text{mol/L}$$

答：溶液中 Cl^- 的物质的量浓度是 0.67mol/L。

探究实验　溶液稀释

1. 溶液稀释

实验 1：将 10mL 1mol/L 的氯化钠溶液稀释成 50mL 0.2mol/L 的氯化钠溶液。

实验步骤：_____

_____

_____

2. 质量浓度和物质的量浓度的转换

实验2：将10mL 5%的氢氧化钠溶液稀释成0.01mol/L的氢氧化钠溶液。

实验步骤：＿＿＿＿＿＿＿＿＿＿＿＿＿＿＿＿＿＿＿＿＿＿＿＿＿＿＿

＿＿＿＿＿＿＿＿＿＿＿＿＿＿＿＿＿＿＿＿＿＿＿＿＿＿＿＿＿＿＿＿＿

＿＿＿＿＿＿＿＿＿＿＿＿＿＿＿＿＿＿＿＿＿＿＿＿＿＿＿＿＿＿＿＿＿

＿＿＿＿＿＿＿＿＿＿＿＿＿＿＿＿＿＿＿＿＿＿＿＿＿＿＿＿＿＿＿＿＿

3. 不同浓度的溶液混合稀释

实验3：将0.02mol/L的氯化钠溶液和0.1mol/L的氯化钠溶液混合配制成0.05mol/L的氯化钠溶液100mL，应如何配制？

实验步骤：＿＿＿＿＿＿＿＿＿＿＿＿＿＿＿＿＿＿＿＿＿＿＿＿＿＿＿

＿＿＿＿＿＿＿＿＿＿＿＿＿＿＿＿＿＿＿＿＿＿＿＿＿＿＿＿＿＿＿＿＿

＿＿＿＿＿＿＿＿＿＿＿＿＿＿＿＿＿＿＿＿＿＿＿＿＿＿＿＿＿＿＿＿＿

＿＿＿＿＿＿＿＿＿＿＿＿＿＿＿＿＿＿＿＿＿＿＿＿＿＿＿＿＿＿＿＿＿

实验三　一定物质的量浓度溶液的配制

【实验目的】

熟练使用容量瓶配制一定物质的量浓度溶液的方法。

【实验原理】

溶质的质量、溶液的体积和物质的量浓度之间的计算公式为：

$$n = \frac{m}{M} = cV$$

【实验用品】

实验仪器：

托盘天平、50mL量筒、50mL烧杯、玻璃棒、100mL容量瓶、胶头滴管、药匙。

实验药品：

氯化钠（分析纯）、蒸馏水。

【实验步骤】

配制100mL 1.00mol/L的NaCl溶液

1. 计算：称取 NaCl 的质量。

$$m(NaCl)=cVM=1.00mol/L×0.1L×58.5g/mol=5.85g$$

2. 称量：在天平上称取 5.85g NaCl 固体，并将它倒入小烧杯中。

3. 溶解：在盛有 NaCl 固体的小烧杯中加入适量蒸馏水，用玻璃棒搅拌，使其溶解。

4. 转移：将溶液沿玻璃棒注入 100mL 的容量瓶中。

5. 洗涤：用蒸馏水洗涤烧杯 2～3 次，并倒入容量瓶中。

6. 定容：注入蒸馏水至容量瓶 $\frac{2}{3}$～$\frac{3}{4}$ 容积时进行平摇，使其中的溶液大致混匀。再缓缓地向容量瓶中注入蒸馏水，直到液面接近刻度 1～2cm 处时，静置 1～2min，改用胶头滴管滴加蒸馏水至凹液面的最低处与刻度线相切。

7. 摇匀：盖好瓶塞，上下颠倒、摇匀。

8. 装瓶：贴标签。

【注意事项】

1. 容量瓶使用之前一定要检查瓶塞是否漏水。

2. 配制一定体积的溶液时，选用容量瓶的规格必须与要配制的溶液的体积一致。

3. 不能把溶质直接放入容量瓶中溶解或稀释；更不可在容量瓶中进行化学反应，溶解时放热的必须冷却至室温后才能转移。

4. 溶液转移至容量瓶时，要用玻璃棒引流，玻璃棒应放到刻度线以下并且用蒸馏水将烧杯及玻璃棒洗涤 2～3 次，将洗涤液注入容量瓶中。

5. 定容时务必确保按眼睛视线→刻度线→凹液面最低点的次序，做到"三点一线"。

6. 定容后，经反复颠倒，摇匀后会出现容量瓶中的液面低于容量瓶刻度线的情况，这时不能继续滴加蒸馏水，否则结果会偏低。

【思考讨论】

1. 如果不将洗涤液注入容量瓶，对 NaCl 的物质的量浓度有何影响？

2. 若用托盘天平称量 NaOH 固体，应如何称量？

3. 配制一定物质的量浓度的溶液时，若取用 5mL 浓盐酸，常用 10mL 量筒而不用 100mL 量筒，为什么？

实验过程中的错误操作会使实验结果有误差：

1. 使所配溶液的物质的量浓度偏高的主要原因

（1）天平的砝码沾有其他物质或已锈蚀。使所称溶质的质量偏高，物质的量浓度偏大。

（2）调整天平零点时，没有调平，指针向左偏转。

（3）用量筒量取浓溶液时仰视读数（使所取液体体积偏大）。

（4）把高于20℃的液体转移进容量瓶中（使所量液体体积小于容量瓶所标注的液体的体积）。

（5）定容时，俯视容量瓶刻度线（使液体体积偏小）。

2. 使所配溶液的物质的量浓度偏低的主要原因

（1）称量时，物码倒置，并动用游码（使所称溶质的质量偏低，物质的量偏小）。

（2）调整天平零点时，没有调平，指针向右偏转。

（3）用量筒量取浓溶液时俯视读数（使所取液体体积偏小）。

（4）没洗涤烧杯和玻璃棒或洗涤液没移入容量瓶中（使溶质的物质的量减少）。

（5）定容时，仰视容量瓶刻度线（使溶液体积偏大）。

（6）定容加水时，不慎超过了刻度线，又将超出部分吸出（使溶质的物质的量减少）。

第四节　化学方程式及相关计算

对于一个化学反应来说，反应前后，反应物和生成物粒子都是有变化的，那么如何表示、计算出化学反应中粒子之间变化的数目关系？本节主要介绍表示化学反应的式子以及有关的计算方法。

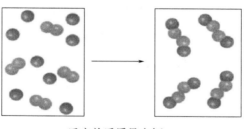

反应前后质量守恒

一、化学方程式

用化学式来表示化学反应的式子叫作化学方程式。它可以表示化学反应前后物质的变化和质量关系。每一个化学方程式都是在实验基础上总结出来的。在书写化学方程式时要遵守两个原则：一要依据客观事实，不能主观臆造；二要遵守质量守恒定律，配平反应式，即方程式等号两边的原子种类和个数必须相同。例如：

$$2KClO_3 \xrightarrow[\triangle]{MnO_2} 2KCl + 3O_2 \uparrow$$

化学方程式不仅表示反应物和生成物的种类，而且还体现了原子数或分子数、物质的量、质量及气体体积等量的关系。例如：

	N_2	$+$	$3H_2$	$\longrightarrow$	$2NH_3$
化学计量数之比	1	:	3	:	2
粒子数目之比	$1 \times 6.02 \times 10^{23}$	:	$3 \times 6.02 \times 10^{23}$	:	$2 \times 6.02 \times 10^{23}$
物质的量之比	1mol	:	3mol	:	2 mol
物质的质量之比	$1 \times 28g$	:	$3 \times 2g$	:	$2 \times 17g$
标准状况下气体的体积之比	$1 \times 22.4L$	:	$3 \times 22.4L$	:	$2 \times 22.4L$

化学反应前后物质的质量变化了吗?

实验设计 1：将盛有 5mL 碳酸钠溶液与 10mL 稀盐酸溶液的两个小烧杯同时放在天平左盘，用砝码平衡。然后将碳酸钠溶液倒入盛有稀盐酸溶液的小烧杯中反应，观察现象，并解释。

实验现象：_____

实验原因：_____

实验设计 2：将盛有 5mL 硫酸铜溶液与 20mL 氢氧化钠溶液的两个小烧杯同时放在天平左盘，用砝码平衡。然后将硫酸铜溶液倒入盛有氢氧化钠溶液的小烧杯中反应，观察现象，并解释。

实验现象：_____

实验原因：_____

二、根据化学方程式的计算

化学方程式中有关反应物、生成物质量计算的理论基础是质量守恒定律。根据化学方程式的计算就是从量的方面来研究物质变化的一种方法。下面，我们用实例来说明根据化学方程式进行计算的步骤和方法。

1. 原料用量和产品产量的计算

【例 5-11】 加热分解 5.8g 氯酸钾，可以得到多少 g 氧气？

解 （1）设未知量 设：加热分解 5.8g 氯酸钾可得到氧气的质量为 x。

（2）写出化学方程式

$$2KClO_3 \xrightarrow[\triangle]{MnO_2} 2KCl + 3O_2 \uparrow$$

（3）写出有关物质的式量和已知量、未知量

$$2KClO_3 \xrightarrow[\triangle]{MnO_2} 2KCl + 3O_2 \uparrow$$

$$2 \times 122.5 \qquad\qquad 3 \times 32$$

$$5.8g \qquad\qquad\qquad x$$

（4）列比例式，求解 已知用 245g 的 $KClO_3$ 可以制得 96g 的 O_2，已设用 5.8g $KClO_3$ 可制得氧气的质量为 x，因此，可以列出下式求解：

$$\frac{245}{96} = \frac{5.8g}{x} \qquad x = \frac{96 \times 5.8g}{245} \approx 2.3g$$

（5）简明地写出答案

答：加热分解 5.8g 氯酸钾，可得到 2.3g 氧气。

【例 5-12】 112g 铁与足量的稀硫酸作用，能生成多少 g 的硫酸亚铁？

解 设生成的硫酸亚铁的质量为 x。

$$Fe + H_2SO_4 \longrightarrow FeSO_4 + H_2 \uparrow$$

$$56 \qquad\qquad 152$$
$$112\text{g} \qquad\qquad x$$

$$x = \frac{112\text{g} \times 152}{56} = 304\text{g}$$

答：生成 304g 的硫酸亚铁。

2. 气体体积的计算

【例 5-13】 标准状况下，生成 292g 的氯化氢气体，需要多少体积的氢气和氯气？

解 设需要氢气和氯气的物质的量分别为 $x\,\text{mol}$ 和 $y\,\text{mol}$。

$$H_2 + Cl_2 \longrightarrow 2HCl$$

$$1 \qquad 1 \qquad\quad 2$$

$$x \qquad y \qquad \frac{292\text{g}}{36.5\text{g/mol}}$$

则 $x = y = \dfrac{1}{2} \times \dfrac{292\text{g}}{36.5\text{g/mol}} = 4\text{mol}$

其体积为 $4\text{mol} \times 22.4\text{L/mol} = 89.6\text{L}$

答：需要氢气和氯气的体积各为 89.6L。

3. 产品产率与原料利用率计算

在实际生产过程中，由于反应物的不纯、物料的损失等多方面的因素，产品的实际产量总是低于理论产量，原料的实际消耗总是高于理论用量。我们常用产品的产率和原料利用率来说明。

$$产品产率 = \frac{实际产量}{理论产量} \times 100\%$$

$$原料利用率 = \frac{理论消耗量}{实际消耗量} \times 100\%$$

【例 5-14】 工业上煅烧石灰石生产氧化钙和二氧化碳。

（1）在标准状况下，若煅烧 5t 含 90% 碳酸钙的石灰石，能制得氧化钙多少吨？二氧化碳多少立方米？

（2）在实际生产过程中，若制得氧化钙 2.42t，则产品的产率是多少？

（3）在实际生产过程中，若实际消耗质量分数为 90% 碳酸钙的石灰石 5.4t，则石灰石的利用率是多少？

解 （1）设能制得氧化钙 $x\,\text{t}$，二氧化碳的体积为 $y\,\text{m}^3$。

$$CaCO_3 \xrightarrow{\text{煅烧}} CaO + CO_2 \uparrow$$

$$\begin{array}{ccc} 100t & 56t & 22400m^3 \\ 90\% \times 5t = 4.5t & x & y \end{array}$$

$$x = \frac{4.5t \times 56t}{100t} = 2.52t$$

$$y = \frac{4.5t \times 22400m^3}{100t} = 1008m^3$$

（2）由（1）计算得，氧化钙的理论产量为 2.52t。

$$\text{氧化钙的产率} = \frac{\text{实际产量}}{\text{理论产量}} \times 100\% = \frac{2.42t}{2.52t} \times 100\% = 96\%$$

（3）石灰石的利用率 $= \dfrac{\text{理论消耗量}}{\text{实际消耗量}} \times 100\% = \dfrac{5t}{5.4t} \times 100\% = 92.6\%$

答：煅烧 5t 含 90% 碳酸钙的石灰石，能制得氧化钙 2.52t，二氧化碳 1008m³；产品氧化钙的产率是 96%；实际消耗质量分数为 90% 碳酸钙的石灰石 5.4t 时，石灰石的利用率是 92.6%。

思考与讨论

实验室里制备氢气，在标准状况时生成氢气 3.36L，计算需要消耗稀盐酸和锌的物质的量。

拓展提升

热化学方程式

化学反应往往伴随着热能的变化。有热量放出的反应叫作放热反应，吸收热量的反应叫作吸热反应。能表示放出或吸收热量的化学方程式叫作热化学方程式。

热化学方程式不仅表明一个反应中的反应物和生成物，还表明一定量的物质在反应中所放出或吸收的热量。

例如，热化学方程式：

$$H_2(g) + Cl_2(g) \longrightarrow 2HCl(g) \qquad \Delta H = -183kJ/mol$$

各物质前面的系数表示物质的量；ΔH 是反应热的符号，单位是 kJ/mol；$\Delta H > 0$ 时为吸热反应，$\Delta H < 0$ 时为放热反应。ΔH 代表在标准态时，$1mol H_2$

（g）和 1molCl$_2$（g）完全反应生成 2molHCl（g），反应放热 183kJ。这是一个假想的过程，实际反应中反应物的投料量比所需量要多，只是过量反应物的状态没有发生变化，因此不会影响反应的反应热。在实际中，天然气、煤、石油等能源不断开采为人们所利用，了解化学反应热是很有意义的。

探究实验　气体物质的量发生变化的化学反应现象

向一金属铝的易拉罐内充满 CO_2，然后向罐内注入足量 NaOH 溶液，立即用胶布严封罐口，过一段时间后，罐壁内凹而瘪，再过一段时间后，瘪了的罐壁重新鼓起，解释上述变化的实验现象：

（1）罐壁内凹而瘪的原因：_____

反应方程式：_____

（2）罐壁重新鼓起的原因：_____

反应方程式：_____

📚 本章小结

一、物质的量、摩尔质量、气体摩尔体积、物质的量浓度的相关知识点

基本量	定　义	基本公式	备　注
物质的量 n(mol)	当某物质含有与阿伏伽德罗常数相等数量的微粒时,这种物质的量就是 1mol	$n = \dfrac{N}{N_A}$	阿伏伽德罗常数 N_A 为 6.02×10^{23} 个/mol
摩尔质量 M(g/mol)	1mol 物质的质量为摩尔质量	$M = \dfrac{m}{n}$	数值上等于其化学式相对式量
气体摩尔体积(标准状况) V_m(L/mol)	在标准状况下,1mol 任何气体所占的体积都约是 22.4L	$n = \dfrac{V}{V_m}$	标准状况是指 0℃,1.01325×10^5Pa 条件下
物质的量浓度 c(mol/L)	单位体积溶液里所含溶质的物质的量	$c = \dfrac{n}{V}$	溶液稀释: $c_浓 V_浓 = c_稀 V_稀$ 质量分数和物质的量浓度的换算:$c = \dfrac{1000\rho w}{M}$

二、化学方程式及其基本计算

用化学式来表示化学反应的式子叫作化学方程式。利用化学方程式，可以

计算反应中各物质的质量、物质的量、气体体积等。根据化学方程式计算出的结果为理论值，产品实际产量总小于理论产量，原料的消耗量总是大于理论消耗量。具体关系如下：

$$产品产率 = \frac{实际产量}{理论产量} \times 100\%$$

$$原料利用率 = \frac{理论消耗量}{实际消耗量} \times 100\%$$

一、选择题

1. 下列叙述中，正确的是（   ）。

A. 12g 碳所含的原子数就是阿伏伽德罗常数

B. 阿伏伽德罗常数没有单位

C. "物质的量"指物质的质量

D. 摩尔是表示物质的量的单位，每摩尔物质含有阿伏伽德罗常数个微粒

2. 下列叙述正确的是（   ）。

A. 同质量的 H_2 和 Cl_2 相比，H_2 的分子数多

B. Na_2O_2 的摩尔质量为 78g

C. $0.1mol\ H_2SO_4$ 含有氢原子数的精确值为 1.204×10^{23}

D. 1mol 任何气体的体积约为 22.4L

3. 下列溶液中，跟 100mL 0.5mol/L NaCl 溶液所含的 Cl^- 物质的量浓度相同的是（   ）。

A. 100mL 0.5mol/L $MgCl_2$ 溶液　　　　　B. 100mL 0.5mol/L $CaCl_2$ 溶液

C. 5mL 1mol/L NaCl 溶液　　　　　　　　D. 25mL 0.5mol/L HCl 溶液

4. $1mol\ H_2SO_4$ 含有（   ）mol H 原子，（   ）mol O 原子。

A. 1　　　　　　　B. 2　　　　　　　C. 3　　　　　　　D. 4

5. 下列物质中，在标准状况下体积最大的是（   ）。

A. 28g N_2　　　　　B. 71g Cl_2　　　　　C. 48g O_2　　　　　D. 1000g H_2O

6. 同温同压下，1mol He 和 1mol Cl_2 具有相同的（   ）。

A. 原子数　　　　　B. 质子数　　　　　C. 质量　　　　　D. 体积

7. 1.7g 氨气在标准状况下的体积（   ）。

A. 1.12L　　　　　B. 2.24L　　　　　C. 3.36L　　　　　D. 4.48L

8. 若要配制 500mL 1mol/L 的 NaCl 溶液，应选用下列那个规格的容量瓶？（   ）

    A. 50mL   B. 250mL   C. 500mL   D. 1000mL

9. 配制 100mL 1mol/L 氢氧化钠溶液，下列操作错误的是（   ）。

    A. 在托盘天平上放两片大小、质量一样的纸，然后将氢氧化钠放在纸片上进行称量

    B. 把称得的氢氧化钠放入盛有适量蒸馏水的烧杯中，溶解、冷却，再把溶液移入容量瓶中

    C. 用蒸馏水洗涤烧杯、玻璃棒 2～3 次，洗涤液也移入容量瓶中

    D. 沿着玻璃棒往容量瓶中加入蒸馏水，到离刻度线 2～3 cm 时改用胶头滴管滴加，直到溶液凹面恰好与刻度相切

二、填空题

1. 物质的量的符号是_____，单位是_____；摩尔质量的符号是_____，单位是_____；摩尔体积的符号是_____，单位是_____；物质的量浓度的符号是_____，单位是_____。

2. 1mol Na_2CO_3 含有_____个 Na_2CO_3 分子，含有_____个 Na^+，_____个 CO_3^{2-}。

3. 16g 的 O_2、117g 的 NaCl 和 196g 的 H_2SO_4，它们的物质的量之比是_____。

4. 20g 某元素中含有 $0.5N_A$ 个原子，则该元素的相对原子质量为_____。

5. 下列数量的各物质所含原子个数由大到小顺序排列的是_____。

    ①0.5mol 氨气；②4℃时 9mL 水；③0.2mol H_3PO_4

6. 33.6L NH_3（标准状况下）的物质的量是_____，质量是_____。

7. 在标准状况下，44g CO_2 的物质的量是_____，体积是_____，含有_____个 CO_2 分子，_____个氧原子，_____个碳原子。

8. 100mL HCl 溶液中，含有 HCl 0.05mol，该溶液的物质的量浓度表示为____。

9. 0.1mol $MgCl_2$ 跟 0.1mol $AgNO_3$ 发生反应，生成 AgCl 沉淀为_____mol。

三、计算题

1. 计算下列物质的物质的量

（1）10g $CaCO_3$；（2）1.76kg CO_2；（3）0.5kg $Na_2CO_3 \cdot 10H_2O$；（4）25g $KClO_3$；（5）0.78g Mn。

2. 计算下列物质的质量

（1）0.1mol Na_2CO_3；（2）0.35mol Al_2O_3；（3）2.5mol $MgSO_4$；（4）0.05mol CO；（5）1mol $FeCl_3$。

3. 98％的硫酸，密度为 1.84g/cm³，求其物质的量浓度。

4. 已知在标准状况下，0.5L 某气体的质量为 0.985g，试计算其相对分子质量。

5. 在 100mL Na_2CO_3 溶液中，含有溶质 Na_2CO_3 的质量为 3.18g，试计算此溶液的物质的

的量浓度。

6. 准确称取 KCl 固体 1.49g，加水溶解后，配置成 100mL 的 KCl 溶液，计算该 KCl 溶液物质的量浓度。

7. 取 1.5mol/L 的 HCl 溶液 5mL，加水稀释至 100mL，求稀释后 HCl 溶液的物质的量浓度。

8. 取黄铜（Cu-Zn 合金）40g，加入过量的盐酸，产生标况下的氢气 5.6L，求黄铜中铜元素的质量分数。

9. 将 0.2g 不纯的氢氧化钾样品（杂质不与盐酸反应）溶于水，用 0.1255mol/L 的盐酸来滴定，用去盐酸 20.00mL，求该样品中氢氧化钾的含量。

10. 某工厂以黄铁矿（主要成分为 FeS_2）为原料生产硫酸，反应式如下：

$$4FeS_2 + 11O_2 \xrightarrow{\text{高温}} 2Fe_2O_3 + 8SO_2$$

假设空气中氧气的气体体积分数为 0.2，如果该厂生产 98% 的浓硫酸 100t。不考虑其他各生产阶段的物料损失。问：

（1）需要含 FeS_2 60%（质量分数）的黄铁矿的质量是多少 t？

（2）最少需要消耗空气的体积（标准状况）为多少 m^3？

第六章
化学反应速率和化学平衡

在日常生活中，我们会接触到许多的化学反应，如火药爆炸、溶洞的形成、铁桥生锈、牛奶变质等。有的进行得快，有的进行得慢，并且反应进行的程度也不一样。反应进行得快慢是反应速率的问题，反应进行的完全程度是化学平衡的问题。人们总是希望有利于生产的反应进行得快些、完全些，对于不希望发生的反应采取某些措施抑制甚至阻止其发生。因此研究化学反应速率和化学平衡的问题是很有意义的。

第一节　化学反应速率及影响因素

学习导航

化学反应有些进行得很快，几乎在一瞬间就能完成；但是有些反应进行得很慢。对于同一化学反应，在不同的条件下反应速率也不相同。在这一节里我们对化学反应速率的概念以及影响因素加以介绍。

看一看

爆炸　　　　　　铁桥生锈　　　　　　溶洞　　　　　　牛奶变质

一、化学反应速率

化学反应速率通常用单位时间内反应物浓度的减少或生成物浓度的增加来表示。化学反应速率的单位可用 $mol/(L \cdot h)$、$mol/(L \cdot min)$、$mol/(L \cdot s)$ 等表示。

化学反应速率 $$v = \frac{\Delta c}{\Delta t}$$

例如，在一定条件下合成氨的反应为：

$$N_2 + 3H_2 \longrightarrow 2NH_3$$

起始浓度/(mol/L)　　　　　　1.0　1.0　　0

2s 后浓度/(mol/L)　　　　　　0.8　0.4　　0.4

它的反应速率 v：

若以氮的浓度变化表示，则：

$$v(N_2) = \frac{1.0mol/L - 0.8mol/L}{2s} = 0.1mol/(L \cdot s)$$

若以氢的浓度变化表示，则：

$$v(H_2) = \frac{1.0mol/L - 0.4mol/L}{2s} = 0.3mol/(L \cdot s)$$

若以氨的浓度变化表示，则：

$$v(NH_3) = \frac{0.4mol/L - 0}{2s} = 0.2mol/(L \cdot s)$$

对于同一化学反应，以不同物质浓度的变化所表示的反应速率，其数值虽然不同，但它们的比值恰好是反应方程式中各相应物质的计量系数比。即

$$v(N_2) : v(H_2) : v(NH_3) = 1 : 3 : 2$$

由此可见，用任一物质在单位时间内的浓度变化来表示反应的速率，其意义都一样，但必须指明是以哪一种物质的浓度来表示的。

练一练

根据一定条件下的反应：

$$A \ + \ 3B \ \longrightarrow \ 2C \ + \ 2D$$

起始浓度/(mol/L)　　　1.0　　　　1.0　　　　0　　　　　0

5min 后浓度/(mol/L)　　0.8　　　　0.4　　　　0.4　　　　0.4

请写出分别以 A、B、C、D 的浓度变化表示的反应速率。

$$v(A) = \underline{\hspace{5cm}} \quad ; \quad v(B) = \underline{\hspace{5cm}} \quad ;$$
$$v(C) = \underline{\hspace{5cm}} \quad ; \quad v(D) = \underline{\hspace{5cm}} \quad 。$$

另外，这里所谈的化学反应速率都是指某一时间间隔内的平均反应速率。各物质浓度均随时间而改变，不同时间间隔内的平均反应速率是不相同的。因此，在表示平均反应速率时，还需要指明是在哪一段时间间隔内的反应速率。

思考与讨论

用化学反应速率来比较不同反应进行的快慢或同一反应在不同条件下反应的快慢时，是否可以选择不同的参照物质来比较？

二、影响化学反应速率的因素

化学反应速率主要取决于反应物的本性。其次，反应物的浓度、温度、压力、催化剂等外界条件对反应速率也有不可忽略的影响。

1. 浓度对反应速率的影响

实验证明，当其他外界条件都相同时，增大反应物的浓度，会加快反应速率；反之，减小反应物的浓度，会减慢反应速率。例如，物质在纯氧气中燃烧的速率比在空气中要快。

浓度对化学反应速率的影响

2. 压强对反应速率的影响

压强的影响实质上是浓度的影响，如图 6-1 所示。对于一定量的气体来说，在温度一定时增大压强，气态物质的浓度随之增大，反应速率增大。反之，降低压强，气态物质的浓度减小，反应速率减小。

如果参加反应的物质是固体和液体时，改变压强对它们的体积影响很小，因此，可以认为压强不影响反应速率。

3. 温度对反应速率的影响

温度对化学反应速率有显著的影响。一般的化学反应，都会随着温度的升高而加快。例如氧气和氢气在常温下几乎不反应，即使是经过几十年也看不出有水生成，然而升温至 700℃ 时，反应立刻发生并产生爆炸。

温度对化学反应速率的影响

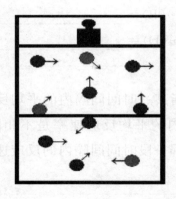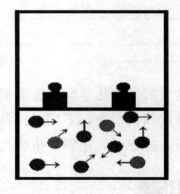

图 6-1　压强对反应速率的影响

实验证明，升高温度，反应速率增大；降低温度，反应速率减小。一般来说，如果反应物的浓度恒定，温度每升高 10℃，反应速率增大 2～4 倍。

思考与讨论

夏季，将牛奶分别保存在室温下和冰箱里，哪种情况下保存更易变质？

4. 催化剂对反应速率的影响

催化剂是一种能改变反应速率，其本身的组成、质量和化学性质在反应前后保持不变的物质。MnO_2 是常见的催化剂，如氯酸钾分解制氧气过程中就常使用 MnO_2 做催化剂，它在反应前后没有发生变化。在催化剂作用下，反应速率发生改变的现象称为催化作用。能增大反应速率的催化剂称为正催化剂，如氯酸钾分解制氧气过程中的 MnO_2。有些物质能减小某些反应的速率，如橡胶中的防老化剂，这类物质叫负催化剂。以下所提到的催化剂，如果没有特殊说明，都是正催化剂。催化剂也叫触媒。

催化剂对化学
反应速率的影响

5. 其他因素的影响

在有固体物质参加的化学反应，固体粒子的大小对反应速率也有影响。一定质量的固体物质，颗粒越小，它的总表面积越大，反应速率越大。

因此，除了浓度、压强、温度、催化剂等对化学反应速率有影响外，固体表面积的大小、扩散速率的快慢等，也对化学反应速率有影响。工业上常通过破碎、淋洒、机械搅拌、振荡等方式来增大反应速率。

思考与讨论

对于反应 $2KMnO_4 + 5H_2C_2O_4 + 3H_2SO_4 \longrightarrow K_2SO_4 + 2MnSO_4 + 10CO_2 + 8H_2O$，某同学在做酸性 $KMnO_4$ 溶液和草酸溶液反应实验时，观察到该反应刚开始反应速率较慢，溶液褪色不明显，但过一会，反应速率又明显加快，溶液突然褪色。请同学结合影响化学反应速率的因素分析一下上述现象产生的原因。

 拓展提升

化学反应速率理论——碰撞理论

早在 1918 年，路易斯运用气体运动论的成果，提出了反应速率的碰撞理论。该理论认为：反应物分子间的碰撞是反应进行的先决条件。反应物分子间必须碰撞才有可能发生反应，反应物分子碰撞的频率越高，反应速率越快。即反应速率大小与反应物分子碰撞的频率成正比。在一定温度下，反应物分子碰撞的频率又与反应物浓度成正比。

下面以碘化氢气体的分解为例，对碰撞理论进行讨论。

$$2HI(g) \longrightarrow H_2(g) + I_2(g)$$

通过理论计算，浓度为 $1 \times 10^{-3} mol/L$ 的 HI 气体，在 773K 时分子碰撞次数约为 $3.5 \times 10^{28} mol/(L \cdot s)$。如果每次碰撞都发生反应，反应速率应约为 $5.8 \times 10^4 mol/(L \cdot s)$。但实验测得，在这种条件下实际反应速率约为 $1.2 \times 10^{-8} mol/(L \cdot s)$。这个数据告诉我们，在为数众多的碰撞中，大多数的碰撞并不能引起反应，只有极少数碰撞是有效的。由于化学反应是旧的化学键的断裂和新的化学键形成的过程。因此，碰撞理论认为，碰撞中能发生反应的分子，首先必须具备足够的能量，以克服分子无限接近时电子云之间的斥力，从而导致分子中的原子重排，即发生化学反应。

我们把能够使化学反应发生的碰撞叫有效碰撞。把能够发生有效碰撞的分子叫活化分子。如果用碰撞理论来解释影响反应速率的因素：（1）浓度：增大反应物浓度，单位体积内活化分子数增多，单位时间内有效碰撞次数增多，反应速率增大。（2）温度：温度升高时，分子运动速率加快，有效碰撞机会增多，反应速率加快。（3）压强：对于有气体参加的反应，当其他条件不变，增加压强时，气体体积减小，浓度增大，分子间的有效碰撞机会增多，故反应速率加快。（4）催化剂：催化剂能极大地降低反应的活化能，从而增大活化分子百分数，使反应速率加快。

第二节　化学平衡及影响因素

📚 学习导航

人们不仅要知道化学反应进行的快慢，还应了解在一定条件下化学反应可能进行到什么程度，这就涉及化学平衡及其影响因素。

🔍 看一看

日常生活中的平衡

一、可逆反应和化学平衡

在同一条件下，能同时向正、反方向进行的反应叫作可逆反应。通常把化学反应式中向右进行的反应叫正反应；向左进行的反应叫逆反应。在强调可逆反应时，反应式中常用可逆号"$\rightleftharpoons$"表示。

例如，在一定条件下，N_2O_4 分解为 NO_2 气体的同时，NO_2 又可逆反应生成 N_2O_4 气体。

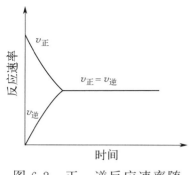

图 6-2　正、逆反应速率随
时间变化示意图

$$N_2O_4 \rightleftharpoons 2NO_2$$

可逆反应在密闭容器中进行时，任何一个方向的反应都不能进行到底，只能是正、逆反应达到了平衡，反应体系中各物质的浓度不再发生变化，如图 6-2 所示。

如外界条件不变，当可逆反应进行到一定程度时，正、逆反应速率相等时的状态，叫作化学平衡。

化学平衡的特点是：

（1）逆：研究对象是可逆反应；

化学平衡类比
场景：商场人
流平衡

（2）等：正反应速率＝逆反应速率≠0；

（3）动：动态平衡（正逆反应仍在进行）；

（4）定：反应混合物中各组分的浓度保持不变，各组分的含量一定；

（5）变：条件改变，原平衡被破坏，在新的条件下建立新的平衡。

思考与讨论

以前是否接触过其他可逆反应？试举例，并写出其反应方程式。

二、平衡常数

在一定温度下，当一个可逆反应达到平衡状态时，生成物平衡浓度幂之积与反应物平衡浓度幂之积的比值是一个常数，此常数称为该反应的化学平衡常数，简称平衡常数，用 K 表示。

对于任何可逆反应：

$$mA + nB \rightleftharpoons pC + qD$$

平衡常数的数学表达式：

$$K = \frac{[C]^p[D]^q}{[A]^m[B]^n}$$

式中，[A]、[B]、[C]、[D] 分别表示各物质平衡时的浓度。

化学平衡常数 K 注意事项：

（1）平衡常数只随温度而改变，不随浓度、压强、催化剂的变化而改变。

（2）平衡常数 K 可以衡量化学反应进行的程度。K 值越大，说明生成物的浓度越大，反应物反应得越多（转化率越大），反应越完全。一般 $K > 10^6$ 时可认为反应进行完全。

（3）反应体系中有纯液体、纯固体以及稀溶液中的水参加的反应，其浓度可看成1，不列入计算公式。例如：

$$CaCO_3(s) \rightleftharpoons CaO(s) + CO_2(g)$$

$$K = [CO_2]$$

$$Cr_2O_7^{2-}(aq^{●}) + H_2O(l) \rightleftharpoons 2CrO_4^{2-}(aq) + 2H^+(aq)$$

$$K = \frac{[CrO_4^{2-}]^2[H^+]^2}{[Cr_2O_7^{2-}]}$$

练一练

请写出下列可逆反应的平衡常数 K 的表达式。

（1）$FeO(s) + CO(g) \rightleftharpoons Fe(s) + CO_2(g)$ $K =$ _____

（2）$2CrO_4^{2-}(aq) + 2H^+(aq) \rightleftharpoons Cr_2O_7^{2-}(aq) + H_2O(l)$ $K =$ _____

三、平衡移动原理

当外界条件改变，可逆反应从一种平衡状态转变到另一种平衡状态的过程叫作化学平衡的移动。若改变平衡体系的条件之一，如浓度、压强或温度，平衡就向减弱这个改变的方向移动。此规律称为勒夏特列原理，也叫平衡移动原理。

浓度对化学平衡的影响

1. 浓度对化学平衡的影响

课堂实验

在某洁净的小烧杯中，先加入 10mL 蒸馏水，再加入 15 滴 0.005mol/L $FeCl_3$ 溶液和 15 滴 0.01mol/L KSCN 溶液，振荡溶液呈红色，将该混合溶液等分于三支试管中。向 1 号试管中滴入少量 $FeCl_3$ 溶液，向 3 号试管滴入少量 KCl 溶液分别与 2 号试管比较，观察颜色变化。

$$FeCl_3 + 3KSCN \rightleftharpoons Fe(SCN)_3 + 3KCl$$

（黄色）（无色）   （血红色）   （无色）

● aq：水溶液。

实验表明，增加 $FeCl_3$ 浓度，1 号试管和 2 号试管比较，颜色加深，化学平衡向正反应移动；增加 KCl 浓度，3 号试管和 2 号试管比较，颜色变浅化学平衡向逆反应方向移动。

实验证明，当其他条件不变时，增大反应物或减小生成物浓度，可使化学平衡向正反应方向移动；增大生成物浓度或减小反应物浓度，化学平衡向逆反应方向移动。在化工生产中，常采用增大容易取得或廉价的反应物浓度的方法。例如，在硫酸工业里，常用过量的空气使 SO_2 充分氧化，生成更多的 SO_3。

2. 压强对化学平衡的影响

对于某些有气体参与的可逆反应，由于压强的改变引起了浓度的改变，可使平衡发生移动。实验证明：在相同温度条件下，增大平衡体系总压强时，平衡向气体计量数之和减小的方向移动；减小总压强时，平衡向气体计量系数之和增加的方向移动；对于反应前后气体计量数之和相等的反应，压强的变化不引起平衡的移动。

压强对化学平衡的影响

对于反应前后气体总分子数相等的可逆反应，改变压强，平衡状态不受影响。在工业合成氨的反应中，增加压强，可以提高原料的转化率。

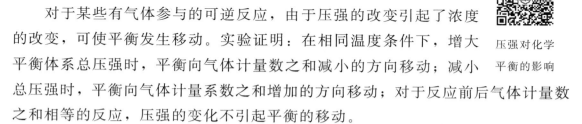

练一练

可逆反应	平衡常数表达式	改变压强对平衡的影响	
		增大压强	减小压强
$N_2(g)+3H_2(g)\rightleftharpoons 2NH_3(g)$			
$N_2O_4(g)\rightleftharpoons 2NO_2(g)$			
$FeO(s)+CO(g)\rightleftharpoons Fe(s)+CO_2(g)$			

3. 温度对化学平衡的影响

温度对化学平衡的影响

在外界条件不变的情况下，将充有 NO_2 气体（棕色）的双联玻璃球两端，分别置于盛有冷水和热水的烧杯内（见图 6-3），观察实验现象。（N_2O_4 为无色气体）

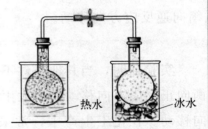

热水 冰水

$$2NO_2 \rightleftharpoons N_2O_4 \quad \Delta H < 0$$

通过观察，发现热水中球内气体的颜色变深了，说明 N_2O_4 的浓度减小，NO_2 的浓度增

图 6-3 温度对化学平衡的影响

大了，平衡向吸热反应方向移动；而冷水中球内气体的颜色变浅了，说明 N_2O_4 的浓度变大，NO_2 的浓度减小了，平衡向放热反应方向移动。

实验证明，在其他条件不变时，升高温度，会使化学平衡向吸热反应的方向移动；降低温度会使化学平衡向放热反应的方向移动。

4. 催化剂对化学平衡的影响

催化剂能同等程度地改变正、逆反应的速率，使用催化剂不致引起平衡的移动。但化工生产上广泛使用催化剂，是因为使用催化剂可以大大缩短反应达到平衡所需的时间，从而提高生产效率。

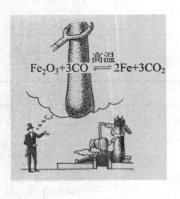

$Fe_2O_3 + 3CO \xrightarrow{高温} 2Fe + 3CO_2$

1. 请同学分析讨论，可逆反应能进行彻底吗？在催化剂的作用下，如果将 2mol SO_2 与 1mol O_2 混合，最终能得到 2mol 的 SO_3 吗？

2. 在 19 世纪后期，人们发现从炼铁高炉的炉口排出的尾气中含有一定量的 CO。有的工程师认为是由于 CO 与铁矿石接触时间不够长的原因。于是在英国耗费了大量资金建造了一个高大的炼铁高炉，以增加 CO 和 Fe_2O_3 的接触时间。

可后来发现，用这个高炉炼铁，排出的高炉气中 CO 的含量并未减少，这是什么原因呢？

拓展提升

化学反应速率及化学平衡移动原理在化工生产中的应用

在进行化工生产条件选择时，既要考虑反应速率的问题——反应速率要尽可能地快，提高生产效率，又要考虑化学平衡的问题——使反应进行得更为完全彻底，原料的利用要尽可能地充分。

如合成氨的反应 $N_2 + 3H_2 \rightleftharpoons 2NH_3$，是一个气体总分子数减小的可逆放热反应。目前我国采用催化剂合成氨的反应条件大多是：$450 \sim 550℃$，$100 \times 10^2 \sim 300 \times 10^2 kPa$。这主要是因为，在实际生产时，采取较高的压力和较低的温度，能使更多的氮气、氢气生成氨，即可提高氨的产率。但是温度太低，反应速率又太小，单位时间内的产量就会很低，因此合成氨的反应的适宜温度，应在催化剂的活性温度范围内尽可能低些。氨的合成必须采用催化剂才有工业意义。除此之外，增大压强也可以提高氨的产率和加快反应速率，但是压力过高，生产成本也会增高。

探究实验 外界条件对化学反应速率和化学平衡的影响

一、外界条件对化学反应速率的影响

实验设计 1：物质的性质影响化学反应速率

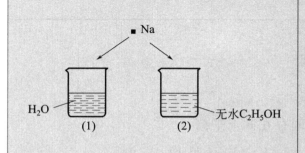

将相同大小的金属钠分别放置在水和无水乙醇中，观察两个烧杯中的反应现象。

实验现象：＿＿＿＿＿＿＿＿＿＿＿＿＿

实验结论：＿＿＿＿＿＿＿＿＿＿＿＿＿

实验设计 2：浓度影响化学反应速率

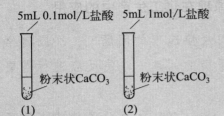

5mL 0.1mol/L盐酸　5mL 1mol/L盐酸

粉末状CaCO₃　　粉末状CaCO₃

(1)　　　　　(2)

在两支试管中分别加入 5mL 浓度为 0.1mol/L 和 1mol/L 的盐酸以及等量的碳酸钙粉末,观察现象。

实验现象:＿＿＿＿＿＿＿＿＿＿＿＿

实验结论:＿＿＿＿＿＿＿＿＿＿＿＿

＿＿＿＿＿＿＿＿＿＿＿＿＿＿＿＿＿＿

实验设计 3: 催化剂影响化学反应速率

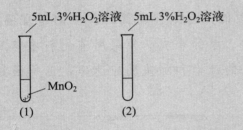

5mL 3%H₂O₂溶液　5mL 3%H₂O₂溶液

MnO₂

(1)　　　　　(2)

在两支试管分别加入 5mL 质量分数为 3% 的 H₂O₂ 溶液,并向(1)中加入少量 MnO₂,观察现象。

实验现象:＿＿＿＿＿＿＿＿＿＿＿＿

实验结论:＿＿＿＿＿＿＿＿＿＿＿＿

＿＿＿＿＿＿＿＿＿＿＿＿＿＿＿＿＿＿

实验设计 4: 物质粒子大小影响化学反应速率

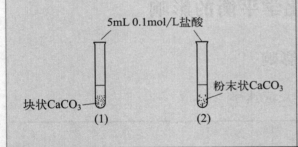

5mL 0.1mol/L盐酸

块状CaCO₃　　　　粉末状CaCO₃

(1)　　　　　(2)

在两支试管分别加入等质量的粉末状碳酸钙与块状碳酸钙,各加入浓度为 0.1mol/L 的盐酸溶液 5mL,观察反应现象。

实验现象:＿＿＿＿＿＿＿＿＿＿＿＿

实验结论:＿＿＿＿＿＿＿＿＿＿＿＿

＿＿＿＿＿＿＿＿＿＿＿＿＿＿＿＿＿＿

二、外界条件对化学平衡的影响

实验设计 1: 浓度对化学平衡的影响

(1) 已知铬酸根和重铬酸根离子间存在如下平衡:

$$2CrO_4^{2-} + 2H^+ \rightleftharpoons Cr_2O_7^{2-} + H_2O$$

（黄色）　　　　　　　（橙色）

	在两个盛有 5mL 0.1mol/L K_2CrO_4 溶液的试管中,分别加入 1mol/L H_2SO_4 溶液和 2mol/L NaOH 溶液,观察实验现象。
H_2SO_4溶液　　NaOH溶液 K_2CrO_4溶液　　K_2CrO_4溶液 (1)　　　　　(2)	实验现象:＿＿＿＿＿＿＿＿＿＿ 实验结论:＿＿＿＿＿＿＿＿＿＿ ＿＿＿＿＿＿＿＿＿＿＿＿＿＿

（2）在小烧杯中加入 15mL 蒸馏水,然后加入 0.1mol/L $FeCl_3$ 溶液和 0.1mol/L NH_4SCN 溶液各 3 滴,得到红色溶液。

$$FeCl_3 + 3NH_4SCN \Longleftrightarrow Fe(SCN)_3 + 3NH_4Cl$$

将所得溶液等分于 3 支试管中,然后向第 1 支试管中加入 4 滴 0.1mol/L $FeCl_3$ 溶液,向第 2 支试管中加入 4 滴 0.1mol/L NH_4SCN 溶液,第 3 支试管留作比较用。观察前 2 支试管中溶液颜色的变化＿＿＿＿＿＿＿＿＿＿＿,说明浓度对化学平衡有何影响＿＿＿＿＿＿＿＿＿＿＿。

实验设计 2:温度对化学平衡的影响

观察温度变化对 Co^{2+}（粉红色）$+4Cl^- \Longleftrightarrow CoCl_4^{2-}$（蓝色）$\Delta H > 0$ 平衡的影响,并记录实验现象。

反应条件	溶液的颜色	平衡移动的方向
室温		
热水		
冰水		

实验结论:＿＿＿＿＿＿＿＿＿＿＿＿＿＿＿＿＿＿

本章小结

一、化学反应速率

化学反应速率通常用单位时间内反应物浓度的减少或生成物浓度的增加来表示。化学反应速率的单位可用 mol/(L·h)、mol/(L·min)、mol/(L·s) 等表示。

二、影响化学反应速率的因素

影响化学反应速率的因素包括：物质的本性、浓度、温度、压强、催化剂、其他因素（物质表面积、扩散速率等）。

催化剂：一种能改变反应速率，其本身的组成、质量和化学性质在反应前后保持不变的物质。

三、化学平衡

在同一条件下，能同时向正、反方向进行的反应叫作可逆反应。在一定条件下，当可逆反应进行到正、逆反应速率相等时，反应体系所处的状态叫作化学平衡状态。

1. 化学平衡的特点

（1）逆：研究对象是可逆反应；

（2）等：正反应速率＝逆反应速率≠0；

（3）动：动态平衡（正反应和逆反应仍在进行）；

（4）定：反应混合物中各组分的浓度保持不变，各组分的含量一定；

（5）变：条件改变，原平衡被破坏，在新的条件下建立新的平衡。

2. 平衡常数 K

对于任何可逆反应 $m\text{A}+n\text{B}\Longrightarrow p\text{C}+q\text{D}$ 平衡常数的表达式：

$$K=\frac{[\text{C}]^p[\text{D}]^q}{[\text{A}]^m[\text{B}]^n}$$

使用化学平衡常数 K 时注意事项：①平衡常数只随温度而改变，不随浓度、压强、催化剂的变化而改变。②平衡常数 K 可以衡量化学反应进行的程度。K 值越大，说明生成物的浓度越大，反应物反应得越多（转化率越大），反应越完全。一般 $K>10^6$ 认为反应进行完全。③反应体系中有纯液体、纯固体以及稀溶液中的水参加的反应，其浓度可看成1，不列入计算公式。

四、影响化学平衡移动的因素

当外界条件改变，可逆反应从一种平衡状态转变到另一种平衡状态的过程叫作化学平衡的移动。

化学平衡移动的因素主要包括浓度、压强、温度等。

一、选择题

1. 决定化学反应速率的最主要因素是（　　）。

A. 温度　　　　B. 反应物的浓度　　　　C. 催化剂　　　　D. 反应物的本性

2. 在一定量的密闭容器进行反应：

$N_2(g)+3H_2(g)\rightleftharpoons 2NH_3(g)$，已知反应过程中某一时刻 N_2、H_2、NH_3 的浓度分别为 0.1mol/L、0.3mol/L、0.2mol/L。当反应达到平衡时，可能存在的数据是（　　）。

A. N_2 为 0.2mol/L，H_2 为 0.6mol/L　　　B. N_2 为 0.15mol/L

C. N_2、H_2 均为 0.18mol/L　　　　　　　D. NH_3 为 0.4mol/L

3. 盐酸与块状碳酸钙反应时，不能使反应的最初速率明显加快的是（　　）。

A. 将盐酸的用量增加一倍　　　　　　　B. 盐酸的浓度增加一倍，用量减半

C. 温度升高 30℃　　　　　　　　　　　D. 改用更小块的碳酸钙

4. 下列关于化学平衡常数 K 的说法错误的是（　　）。

A. 平衡常数不随温度而改变

B. 平衡常数 K 可以衡量化学反应进行的程度

C. 对于一个化学反应来说，平衡常数 K 值越大，说明生成物的浓度越大，反应物反应得越多，反应越完全

D. 一般平衡常数 $K>10^6$ 时，可认为反应进行完全

5. 可逆反应达到化学平衡的标志是（　　）。

A. 正逆反应的速率均为零　　　　　　　B. 正逆反应的速率相等

C. 反应混合物中各组分的浓度相等　　　D. 正逆反应都还在继续进行

6. 2007 年 2 月，中国首条"生态马路"在上海复兴路隧道建成，它运用了"光触媒"技术，在路面上涂上一种光催化剂涂料，可将汽车尾气中 45% 的 NO 和 CO 转化成 N_2 和 CO_2，反应为：

$2NO+2CO\ \underset{}{\overset{\text{光催化剂}}{\rightleftharpoons}}\ N_2+2CO_2$，$\Delta H<0$。对此反应叙述正确的是（　　）。

A. 升高温度平衡正向移动

B. 降低温度能使 v（正）增大，v（逆）减小

C. 使用光催化剂能加快化学反应速率

D. 该催化剂无需补充，可以一直循环使用下去

二、填空题

1. 化学反应速率是_____。

2. 影响化学反应速率的主要外界因素有_____、_____、_____、_____。

3. 化学平衡是指_____。

4. 在一定条件下，2L 的反应容器中充入一定量的 N_2 和 H_2 发生反应 $N_2 + 3H_2 \rightleftharpoons 2NH_3$，5min 后测得 NH_3 的物质的量为 0.5mol，则 NH_3 的反应速率为 _____，H_2 的反应速率为 _____。

5. 根据可逆反应方程式，写出平衡常数 K 的表达式：

(1) $NH_3 \cdot H_2O \rightleftharpoons NH_4^+ + OH^-$

(2) $CH_3COOH \rightleftharpoons H^+ + CH_3COO^-$

(3) $C(s) + H_2O(g) \rightleftharpoons CO(g) + H_2(g)$

6. 讨论反应式 $CO(g) + H_2O(g) \rightleftharpoons CO_2(g) + H_2(g)$，$\Delta H < 0$，当四种气体混合反应达到平衡时物质的量的变化。

(1) 升高温度，$CO_2(g)$ 的物质的量_____。

(2) 温度不变时，减小容器体积，则 $H_2O(g)$ 的物质的量_____。

(3) 恒温恒压下，增加 $CO(g)$，则 $CO_2(g)$ 的物质的量_____。

(4) 加催化剂，$H_2O(g)$ 的物质的量_____。

三、计算题

1. 计算 100℃ 时，可逆反应 $N_2O_4 \rightleftharpoons 2NO_2$ 的平衡常数 K。平衡时，$c(NO_2) = 0.072mol/L$，$c(N_2O_4) = 0.014mol/L$。

2. 在密闭容器中，CO 和水蒸气的混合物加热至 500℃ 时建立下列平衡：

$$CO(g) + H_2O(g) \rightleftharpoons CO_2(g) + H_2(g)$$

反应开始时，CO 和水蒸气的浓度是 0.02mol/L，平衡时 CO_2 和 H_2 的浓度都是 0.015mol/L，求平衡常数。

四、简答题

牙齿表面被一层坚固的名叫羟基磷酸钠的物质保护着，该物质的组成为 $Ca_5(PO_4)_3OH$。它在唾液中存在如右平衡：$Ca_5(PO_4)_3OH(s) \rightleftharpoons 5Ca^{2+} + 3PO_4^{3-} + OH^-$。口腔中的细菌和酶在消化分解食物时，会分解产生有机酸，从而使羟基磷酸钙溶解。若不及时处理，牙齿最终会因此产生蛀洞。试用化学平衡知识解释酸使羟基磷酸钙溶解的原因。

第七章
电解质溶液

自然界中广泛存在着电解质，如壮阔的海洋中溶有大量的电解质。在实验室和实际生产中，很多化学反应都是在水溶液中进行的，参与反应的物质主要是酸、碱、盐等。酸、碱、盐是电解质，在水溶液中能电离成自由移动的离子。因此，它们在水溶液中的反应都是离子反应。通过本章的学习，要认识、掌握电解质的电离、电离平衡、离子反应，盐的水解等相关知识和理论，在认识自然、保护自然中发挥作用。

第一节　电解质溶液相关概念

学习导航

我们知道，有些物质溶于水后，它的水溶液能够导电，如氯化钠、氢氧化钠等。但有些物质溶于水后，它的水溶液不能导电，如蔗糖等。

看一看

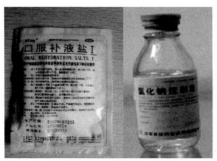

医用电解质溶液

含电解质的调料

一、电解质和非电解质

在水溶液中或熔融状态下能够导电的化合物叫电解质。酸、碱和盐都是电解质。在水溶液中或熔融状态下都不能导电的化合物叫非电解质。如蔗糖、乙醇等是非电解质。

电解质在水溶液中或熔融状态下电离为自由移动离子的过程叫电解质的电离，也称解离。电解质在水溶液中能导电，是因为电解质分子在溶液中发生电离，产生了自由移动的离子，在外电场作用下，这些带电离子产生定向移动的结果。大多数有机化合物都是非电解质，非电解质在溶液中以分子形式存在，无法电离出离子，因而不导电。

 思考与讨论

不同电解质在水溶液中的导电能力相同吗？

二、强电解质和弱电解质

1. 强电解质

在水溶液中能完全电离的电解质叫强电解质，如强酸（如 HCl、H_2SO_4、HNO_3、HBr、HI、$HClO_4$ 等）、强碱〔如 $NaOH$、KOH、$Ba(OH)_2$ 等〕及绝大多数盐。

强电解质解离

$$HCl \longrightarrow H^+ + Cl^-$$
$$NaOH \longrightarrow Na^+ + OH^-$$
$$NaCl \longrightarrow Na^+ + Cl^-$$

强电解质由于全部电离，因此在水溶液中不存在分子，而是以离子形式存在，具有很强的导电性。

2. 弱电解质

在水溶液中仅能部分电离的电解质叫弱电解质，如弱酸（如 HAc、HF、$HClO$、HCN、H_2CO_3、H_2SO_3、H_2S、H_3PO_4）、弱碱（如 $NH_3 \cdot H_2O$）。

弱电解质解离

$$NH_3 \cdot H_2O \rightleftharpoons NH_4^+ + OH^-$$
$$CH_3COOH \rightleftharpoons H^+ + CH_3COO^-$$

弱电解质由于是部分电离，在电离过程中存在着电离平衡，因此，在溶液中分子、离子共存，而且大量存在的是它的分子，导电能力较弱。

课堂实验

如图 7-1 所示，取体积相同，浓度相同的 HCl、NaOH、NaCl、CH_3COOH、$NH_3 \cdot H_2O$ 溶液，注意观察灯泡的明亮程度。

图 7-1　电解质溶液的导电能力

实验现象：_____

实验结论：_____

强电解质与弱电解质的对比见表 7-1。

表 7-1　强电解质与弱电解质的对比

项目	强电解质	弱电解质
定义	在水溶液中完全电离的电解质	在水溶液中不完全电离的电解质
物质类别	强酸、强碱、绝大多数盐	弱酸、弱碱、水等
电离程度	完全	不完全
电离方程式	用"$\longrightarrow$"表示	用"$\rightleftharpoons$"表示
溶液中溶质存在形式	只有离子	既有离子，又有分子
导电能力	溶液中自由移动的离子浓度越大溶液的导电能力越强；离子所带电荷数越多，导电能力越强	

思考与讨论

强电解质溶液导电能力大，弱电解质溶液导电能力小，是否正确？为什么？

三、弱电解质的电离平衡

1. 电离平衡

在一定条件（如温度、浓度）下，当电解质分子电离成离子的速率和离子结合成分子的速率相等时，电离过程就达到了平衡状态，如图 7-2 所示，这叫作电离平衡。

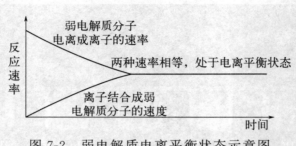

图 7-2　弱电解质电离平衡状态示意图

例如，醋酸在水溶液中的电离平衡方程式为：

$$CH_3COOH \Longrightarrow CH_3COO^- + H^+$$

弱电解质的电离平衡是化学平衡的一种，也是动态平衡。

2. 电离度

在电离平衡时，已电离的弱电解质的分子数与电离前弱电解质的分子数之比叫电离度。用 α 表示。

$$\alpha = \frac{已电离的弱电解质的分子数}{电离前弱电解质的分子总数} \times 100\%$$

例如，18℃时，0.1mol/L HAc（即 CH_3COOH）溶液的电离度为 1.33%，这说明每 10000 个 HAc 中有 133 个分子电离为 H^+ 和 Ac^-。

在相同的条件下，弱电解质电离度的大小可表示弱电解质的相对强弱。表 7-2 是几种常见弱电解质的电离度（291K，0.1mol/L）。

表 7-2　几种常见弱电解质的电离度（291K，0.1mol/L）

电解质	分子式	电离度/%	电解质	分子式	电离度/%
氢氰酸	HCN	0.007	醋酸	CH_3COOH	1.33
甲酸	HCOOH	4.2	亚硝酸	HNO_2	6.5
氢氟酸	HF	15	氨水	$NH_3 \cdot H_2O$	1.33

3. 电离平衡常数

（1）电离平衡常数的表达式　根据化学平衡原理，在一定温度下，弱电解质达到电离平衡时，其平衡常数称为电离平衡常数，简称为电离常数。如 HAc 电离达到平衡时，其电离常数表达式为：

$$HAc \Longrightarrow H^+ + Ac^-$$

$$K_a = \frac{[H^+][Ac^-]}{[HAc]}$$

一元弱酸的
解离平衡

K_a 称为弱酸的电离平衡常数。式中 $[H^+]$ 和 $[Ac^-]$ 表示电离达到平衡时产生的 H^+ 和 Ac^- 的平衡浓度，$[HAc]$ 表示平衡时未电离的醋酸分子浓度。

同理，一元弱碱 $NH_3 \cdot H_2O$ 的电离常数可表示为：

$$NH_3 \cdot H_2O \Longrightarrow NH_4^+ + OH^-$$

$$K_b = \frac{[NH_4^+][OH^-]}{[NH_3 \cdot H_2O]}$$

一元弱碱的
解离平衡

K_b 称为弱碱的电离平衡常数。

电离平衡常数是表示弱电解质相对强弱的常数，其数值越大，弱电解质电离的程度越大。

如 25℃ 时，HAc 的 $K_a = 1.76 \times 10^{-5}$，HCN 的 $K_a = 4.93 \times 10^{-10}$。显然 HCN 是比 HAc 更弱的酸。

练一练

写出下列弱电解质的电离平衡常数的表达式：

HCN _____

HF _____

（2）电离平衡常数的计算

【例 7-1】 297K 时，HAc 的 $K_a = 1.76 \times 10^{-5}$，求 0.1mol/L HAc 溶液的 H^+ 浓度和电离度。

解 设在达到电离平衡时，溶液中 $[H^+]$ 为 x mol/L

$$HAc \Longrightarrow H^+ + Ac^-$$

起始浓度　　　　　　　　0.1　　　0　　0

平衡浓度　　　　　　　0.1−x　　x　　x

$$K_a = \frac{[H^+][Ac^-]}{[HAc]} = \frac{x^2}{0.1-x} = 1.76 \times 10^{-5}$$

由于 x 值很小，可以忽略不计，则 $0.1-x\approx0.1$

$$x^2=1.76\times10^{-6}$$

$$x=1.33\times10^{-3}$$

$$[H^+]=\sqrt{1.76\times10^{-6}}=1.33\times10^{-3}mol/L$$

$$\alpha=\frac{[H^+]}{c_{酸}}\times100\%=\frac{1.33\times10^{-3}}{0.1}\times100\%=1.33\%$$

答：0.1mol/L HAc 溶液的 H^+ 浓度为 $1.33\times10^{-3}mol/L$，电离度为 1.33%。

将以上结果推广到浓度为 $c_{酸}$ 的一元弱酸溶液中，有

$$[H^+]=\sqrt{K_a c_{酸}}$$

$$\alpha=\sqrt{K_a/c_{酸}}$$

对于一元弱碱溶液，同理可得

$$[OH^-]=\sqrt{K_b c_{碱}}$$

由于上式采用了近似值，所以上述公式只有在电离度较小时才能成立。即 $c/K\geqslant400$ 时，上述公式可适用，否则应做精确计算。

练一练

已知某温度时 0.01mol/L HAc 的电离度是 4.24%，则电离平衡常数为 _____，$[H^+]$ 浓度为 _____。

拓展提升

高分子电解质

高分子电解质也称聚电解质，是一类线型或支化的合成和天然水溶性高分子，其结构单元上含有能电离的基团。聚电解质按电离的基团不同可分为：聚酸类电解质、聚碱类电解质和聚两性电解质。

聚电解质可用作食品、化妆品、药物和涂料的增稠剂、分散剂、絮凝剂、乳化剂、悬浮稳定剂、胶黏剂，皮革和纺织品的整理剂，土壤改良剂，油井钻探用泥浆稳定剂，纸张增强剂，织物抗静电剂等。

第二节　离子反应和离子方程式

📁 **学习导航**

　　酸、碱、盐是电解质，它们之间在溶液中发生的反应都是离子反应。你知道为什么人体补钙时要补离子钙吗？

🔍 **看一看**

常见的金属离子	Li^+、Na^+、K^+、Ag^+、Ca^{2+}、Mg^{2+}、Ba^{2+}、Zn^{2+}、Cu^{2+}、Fe^{2+}、Al^{3+}、Fe^{3+}
常见的非金属离子	H^+、F^-、Cl^-、Br^-、I^-、O^{2-}、S^{2-}
常见的离子团	NH_4^+、NO_3^-、OH^-、ClO_4^-、SO_4^{2-}、CO_3^{2-}、SO_3^{2-}、PO_4^{3-}

一、离子反应与离子反应方程式

1. 离子反应

　　电解质溶于水后能够全部或部分电离成离子，因此，电解质在水溶液中发生的反应实质上是离子间的反应。

　　电解质在水溶液中发生的离子之间的反应称为离子反应。

2. 离子反应方程式

👥 **课堂实验**

　　取一支试管，分别加入 1mL $AgNO_3$ 溶液和 NaCl 溶液，观察现象。

　　实验现象：_____

化学反应方程式为

$$AgNO_3 + NaCl \longrightarrow AgCl\downarrow + NaNO_3$$

离子反应方程式为

$$Ag^+ + Cl^- \longrightarrow AgCl\downarrow$$

像这种用实际参加反应的离子来表示离子反应的化学方程式叫作离子反应方程式，简称离子方程式。

3. 书写离子反应方程式的步骤

现以 $Ba(OH)_2$ 溶液与 HCl 溶液反应为例说明。

一写：写出化学方程式，并配平。

$$Ba(OH)_2 + 2HCl \longrightarrow BaCl_2 + 2H_2O$$

二改：把易溶的强电解质写成离子形式；非电解质、难溶物质、弱电解质、水和气体仍用分子式表示。

$$Ba^{2+} + 2OH^- + 2H^+ + 2Cl^- \longrightarrow Ba^{2+} + 2Cl^- + 2H_2O$$

三消：消去反应方程式两边相同数目和种类的离子。

$$2H^+ + 2OH^- \longrightarrow 2H_2O$$

四查：检查方程式两边各元素的原子个数和离子电荷数是否相等；方程式两边各项是否有公约数，是否漏写必要的反应条件。

$$H^+ + OH^- \longrightarrow H_2O$$

【例 7-2】 用离子方程式表示 Zn 与稀 H_2SO_4 溶液的反应。

解 根据书写离子方程式的四个步骤

一写

$$Zn + H_2SO_4 \longrightarrow ZnSO_4 + H_2 \uparrow$$

二改

$$Zn + 2H^+ + SO_4^{2-} \longrightarrow Zn^{2+} + SO_4^{2-} + H_2 \uparrow$$

三消、四查

$$Zn + 2H^+ \longrightarrow Zn^{2+} + H_2 \uparrow$$

练一练

1. 用离子方程式表示 $Ba(OH)_2$ 溶液与 H_2SO_4 溶液的反应。

一写：＿＿＿＿＿＿＿＿＿＿＿＿＿＿＿＿＿＿

二改：＿＿＿＿＿＿＿＿＿＿＿＿＿＿＿＿＿＿

三消：＿＿＿＿＿＿＿＿＿＿＿＿＿＿＿＿＿＿

四查：＿＿＿＿＿＿＿＿＿＿＿＿＿＿＿＿＿＿

2. 用离子方程式表示 NaOH 溶液与 HCl 溶液的反应。

一写：＿＿＿＿＿＿＿＿＿＿＿＿＿＿＿＿＿＿

二改：＿＿＿＿＿＿＿＿＿＿＿＿＿＿＿＿＿＿

三消：_____

　　四查：_____

思考与讨论

　　强酸强碱中和反应的实质是_____。

　　离子方程式不仅能表示一定物质间的反应，还可以表示同一类型的反应。

二、离子互换反应进行的条件

　　离子互换反应进行的条件如图 7-3 所示。凡具备下述条件之一的离子互换反应都能发生。表 7-3 给出了离子互换反应的例子。

图 7-3　离子互换反应进行的条件

表 7-3　离子互换反应举例

条件	化学方程式	离子方程式
生成难溶的物质	$CuSO_4 + H_2S \longrightarrow CuS\downarrow + H_2SO_4$	$Cu^{2+} + H_2S \longrightarrow CuS\downarrow + 2H^+$
生成弱电解质	$NaAc + HCl \longrightarrow HAc + NaCl$	$Ac^- + H^+ \longrightarrow HAc$
生成气体物质	$Na_2CO_3 + 2HCl \longrightarrow 2NaCl + H_2O + CO_2\uparrow$	$CO_3^{2-} + 2H^+ \longrightarrow H_2O + CO_2\uparrow$

拓展提升

体液和电解质的平衡

　　体液是以水为溶剂，以一定的电解质和非电解质成分为溶质所组成的溶液。相对于外界大自然环境（机体的外环境）而言，存在于细胞周围的体液，为机体的内环境，如下页图所示。内环境的稳定与体液的容量、电解质的浓度比、渗透压和酸碱度等有关。手术期病人的体液容量、电解质浓度和成分等的变化将对手术的成功、病人的康复产生影响。麻醉医师应掌握体液的基础知识、失衡的机制、诊断的要点、治疗的原则，从而在手术创伤等应激条件下，有效地纠正体液紊乱，维护内环境稳定，为病人的生命安全提供相应的保障。

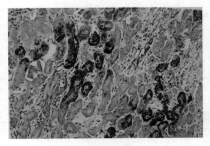

机体内环境

第三节　水的离子积和溶液的 pH

学习导航

　　人们通常认为纯水是不导电的。但如果用精密仪器检验，发现水有微弱的导电性，它能电离产生 H^+ 和 OH^-。其实，任何物质的水溶液，都同时含有 H^+ 和 OH^-。如果有两瓶无色溶液，你能判断哪瓶是酸，哪瓶是碱吗？

看一看

|孔雀石绿　　百里香酚蓝　　刚果红　　甲基红　　甲基橙　　溴甲酚绿|

颜色缤纷的溶液

一、水的离子积

　　纯水是一种极弱的电解质，在水中存在着下列电离平衡：

$$H_2O \rightleftharpoons H^+ + OH^-$$

其平衡常数

$$K = \frac{[H^+][OH^-]}{[H_2O]}$$

根据实验测定，在 298K 时，1L 纯水中仅有 10^{-7} mol 水分子电离，所以 H^+ 和 OH^- 浓度均为 1.0×10^{-7} mol/L。所以

$$K_w = [H^+][OH^-] = 1.0 \times 10^{-14}$$

式中，K_w 称为水的离子积常数，简称水的离子积。水的离子积不仅适用于纯水，对于其他的电解质稀溶液也同样适用。

表 7-4 列出了不同温度下水的离子积常数。由表可知：温度不同，水的离子积不同。常温时，我们可以认为 $K_w = 1.0 \times 10^{-14}$。

表 7-4　不同温度下水的离子积常数

T/K	273	283	295	298	313	329	373
$K_w/10^{-14}$	0.13	0.36	1.00	1.27	3.80	5.60	7.40

二、溶液的酸碱性

任何物质的水溶液，都同时含有 H^+ 和 OH^-，溶液的酸碱性，主要是由溶液中的 $c(H^+)$ 和 $c(OH^-)$ 的相对大小来决定。水溶液的酸碱性和 $c(H^+)$ 及 $c(OH^-)$ 的关系归纳如图 7-4 所示。

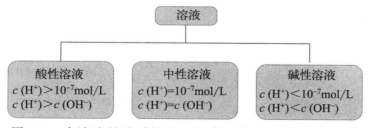

图 7-4　水溶液的酸碱性和 $c(H^+)$ 及 $c(OH^-)$ 的关系

溶液中 $c(H^+)$ 越大，表示溶液的酸性越强；$c(OH^-)$ 越大，表示溶液的碱性越强。

实际中我们把溶液中 H^+ 浓度 $c(H^+)$ 的负对数叫作 pH。即

$$pH = -\lg c(H^+)$$

则溶液的酸碱性与 pH 的关系如图 7-5 所示。

pH 的范围为 0～14。若超出此范围，溶液的酸碱性可以直接用 $c(H^+)$ 或 $c(OH^-)$ 表示。

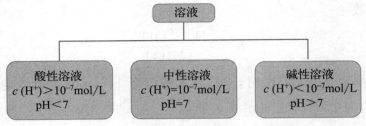

图 7-5　溶液的酸碱性与 pH 的关系

水溶液的酸碱性强弱和 pH 的关系如图 7-6 所示，在此范围内，pH 越小，表明溶液的酸性越强，碱性越弱；pH 越大，表明溶液的碱性越强，酸性越弱。

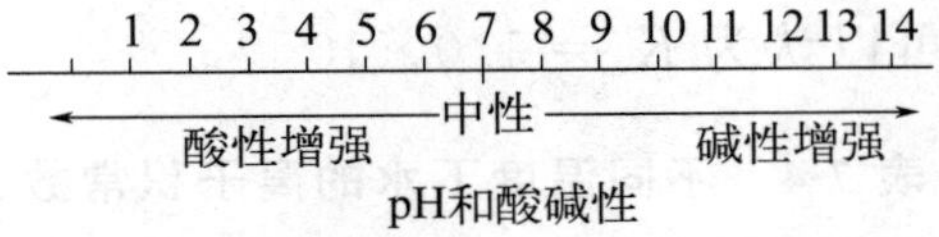

$$1\ 2\ 3\ 4\ 5\ 6\ 7\ 8\ 9\ 10\ 11\ 12\ 13\ 14$$

←——酸性增强——中性——碱性增强——→

pH和酸碱性

图 7-6　水溶液的酸碱性强弱和 pH 的关系

【例 7-3】　某盐酸溶液，其浓度为 0.1mol/L，计算溶液的 pH。

解
$$HCl \longrightarrow H^+ + Cl^-$$
$$c(H^+) = 0.1mol/L$$
$$pH = -\lg c(H^+) = -\lg 0.1 = 1.0$$

练一练

下列溶液中酸性最强的是_____，碱性最强的是_____，pH 最小的是_____，pH 最大的是_____。

A. pH＝1.0 的 HCl

B. 2mol/L H_2SO_4

C. 0.02mol/L NaOH

D. pH＝12 的 $Ba(OH)_2$

E. $c(OH^-) = 1.0 \times 10^{-6} mol/L$ 的某溶液

F. $c(H^+) = 1.0 \times 10^{-7} mol/L$ 的某溶液

三、溶液 pH 的测定

1. 溶液 pH 的粗略测定

pH 是反应溶液酸碱性的一个重要参数。在生产实际中，有时只需要知道溶液 pH 的大致范围，以便及时调节和控制，这时可选用酸碱指示剂进行测定。酸碱指示剂在不同的 pH 溶液中能显示不同的颜色，可以根据它们在某溶液中显示的颜色来粗略判断溶液的 pH。指示剂发生颜色变化的 pH 范围叫作指示剂的变色范围。常见指示剂的变色范围列于表 7-5。

表 7-5　常见指示剂的变色范围

指　示　剂	变色范围	颜　　色	
		酸色	碱色
酚酞	8.0～10.0	无色	玫瑰红色
石蕊	5.0～8.0	红色	蓝色
甲基红	4.4～6.2	红色	黄色
甲基橙	3.1～4.4	红色	黄色
百里酚蓝	1.2～2.8	红色	黄色

要比较精确地测定溶液的 pH，可采用 pH 试纸。pH 试纸和标准比色卡见图 7-7。pH 试纸是用多种酸碱指示剂的混合溶液浸制而成，它能在不同的 pH 时显示不同的颜色。测定时只需将待测溶液滴在此试纸上，然后把试纸显示的颜色与标准比色板对照，从而迅速地确定溶液的 pH。由于 pH 试纸使用简单、方便，所以广泛地用于各种生产和科学研究之中。

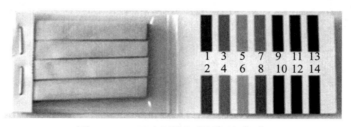

图 7-7　pH 试纸和标准比色卡

2. 溶液 pH 的准确测定

准确测定溶液的 pH，可以使用各种类型的酸度计。如图 7-8 所示。

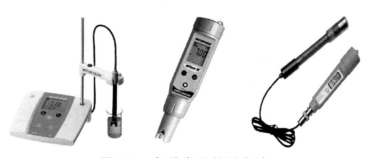

图 7-8　各种类型的酸度计

酸性食物和碱性食物

大部分人对食物酸碱性的认识十分模糊，认为吃起来酸酸的柠檬就是酸性的。其实，食物的酸碱性不是用简单的味觉来判定的。所谓食物的酸碱性，是指食物中的无机盐属于酸性还是属于碱性。食物的酸碱性取决于食物中所含矿物质的种类和含量多少的比率而定：钾、钠、钙、镁、铁进入人体之后呈现的是碱性；磷、氯、硫进入人体之后则呈现酸性。

强酸性食品：蛋黄、乳酪、甜点、白糖、金枪鱼、比目鱼。

中酸性食品：火腿、培根、鸡肉、猪肉、鳗鱼、牛肉、面包、小麦。

弱酸性食品：白米、花生、啤酒、海苔、章鱼、巧克力、空心粉、葱。

强碱性食品：葡萄、茶叶、葡萄酒、海带、柑橘类、柿子、黄瓜、胡萝卜。

中碱性食品：大豆、番茄、香蕉、草莓、蛋白、梅干、柠檬、菠菜等。

弱碱性食品：红豆、苹果、甘蓝菜、豆腐、卷心菜、油菜、梨、马铃薯。

减少吃　油、糖、盐类

吃适量　奶品类　肉、鱼、蛋及豆类

吃多些　瓜菜类　水果类

吃最多　粟米片　五谷类

酸性食物和碱性食物

第四节　盐的水解

水溶液的酸碱性，取决于溶液中的 H^+ 和 OH^- 浓度的相对大小。某些盐本身组成中并不含有 H^+ 或 OH^-，为什么其水溶液会呈现出一定的酸性或碱性？

包子　　　　　　　　　　　　　　自来水

思考与讨论

这些生活中的食物和水与盐的水解有关吗？

一、盐的水解平衡

某些盐本身组成中并不含有 H^+ 或 OH^-。但水溶液会呈现出一定的酸性或碱性，这是因为盐电离出来的阴离子或阳离子与水电离出来的 H^+ 或 OH^- 结合生成了弱酸或弱碱，导致了水的电离平衡发生了移动，从而使溶液中的 H^+ 或 OH^- 浓度不同，表现出一定的酸性或碱性。

例如，NaAc 在水溶液中的水解过程可表示如下，水解示意图如图 7-9 所示。

图 7-9　NaAc 的水解示意图

$$NaAc \longrightarrow Na^+ + Ac^-$$
$$+$$
$$H_2O \rightleftharpoons OH^- + H^+$$
$$\Downarrow$$
$$HAc$$

这种盐的离子与水电离出的 H^+ 或 OH^- 结合生成弱电解质的反应叫盐的水解反应。盐的水解反应和其他可逆反应一样，在一定条件下会达到平衡状态，这种平衡称为盐的水解平衡，简称水解平衡。

Ac^- 水解方程式为：

$$Ac^- + H_2O \rightleftharpoons HAc + OH^-$$

二、盐的水解类型

根据组成盐的酸碱强弱，可把盐分为强碱弱酸盐、强酸弱碱盐、弱酸弱碱盐和强酸强碱盐四类。

1. 强碱弱酸盐的水解

以 NaCN 为例说明此类盐的水解情况。NaCN 在水溶液中的水解过程可表示如下：

$$\begin{array}{rl} NaCN \longrightarrow Na^+ + & CN^- \\ & + \\ H_2O \rightleftharpoons OH^- + & H^+ \\ & \Updownarrow \\ & HCN \end{array}$$

CN^- 水解方程式为：

$$CN^- + H_2O \rightleftharpoons HCN + OH^-$$

可见，强碱弱酸盐的水解实质上是阴离子（酸根离子）发生了水解，溶液呈碱性。

2. 强酸弱碱盐的水解

以 NH_4Cl 为例说明此类盐的水解情况。NH_4Cl 在水溶液中的水解过程可表示如下，水解示意图如图 7-10 所示。

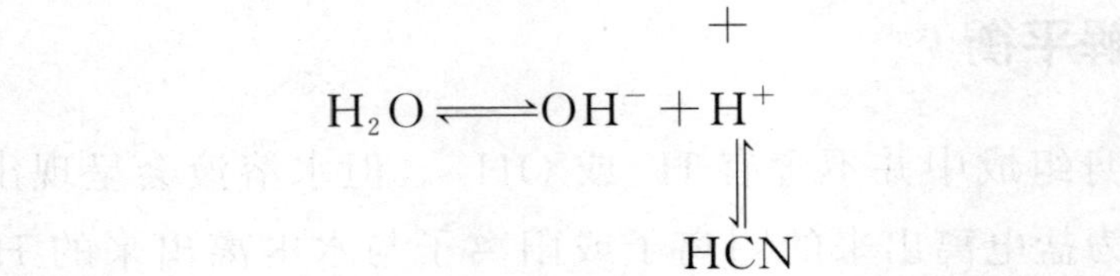

图 7-10　NH_4Cl 的水解示意图

$$\begin{array}{rl} NH_4Cl \longrightarrow & NH_4^+ + Cl^- \\ & + \end{array}$$

$$H_2O \Longleftrightarrow OH^- + H^+$$

$$\Big\Updownarrow$$

$$NH_3 \cdot H_2O$$

NH_4^+ 水解方程式为：

$$NH_4^+ + H_2O \Longleftrightarrow NH_3 \cdot H_2O + H^+$$

可见，强酸弱碱盐的水解实质上是弱碱的阳离子发生了水解，溶液呈酸性。

3. 弱酸弱碱盐的水解

以 NH_4Ac 为例说明此类盐的水解情况。NH_4Ac 在水溶液中的水解过程可表示如下：

$$
\begin{array}{ccccc}
NH_4Ac & \longrightarrow & NH_4^+ & + & Ac^- \\
& & + & & + \\
H_2O & \Longleftrightarrow & OH^- & + & H^+ \\
& & \Updownarrow & & \Updownarrow \\
& & NH_3 \cdot H_2O & & HAc
\end{array}
$$

NH_4Ac 的水解方程式为：

$$NH_4^+ + Ac^- + H_2O \Longleftrightarrow NH_3 \cdot H_2O + HAc$$

可见，弱酸弱碱盐的水解实质上是盐组分的阳离子和阴离子同时发生了水解，水溶液的酸碱性由生成的弱酸和弱碱的相对强弱决定。

虽然弱酸弱碱盐水解的程度比较大，溶液的酸、碱性还是比较弱的。不能认为水解的程度越大，溶液的酸性或碱性必然越强。

强酸强碱盐不水解，溶液呈中性。表 7-6 列出了不同类型盐的水解和盐的水解规律。

表 7-6　不同类型盐的水解和盐的水解规律

盐的类型	强碱弱酸盐	强酸弱碱盐	弱酸弱碱盐	强酸强碱盐
水解的离子	弱酸的阴离子	弱碱的阳离子	弱酸的阴离子 弱碱的阳离子	无
溶液的酸碱性	碱性	酸性	生成弱酸和弱碱 的相对强弱决定	中性
盐水解规律	谁弱谁水解，谁强显谁性，越弱越水解			

盐	水解方程式	溶液的酸碱性
NaCN		
Na_2S		
NH_4Ac		
$Al_2(SO_4)_3$		

三、盐类水解的应用

1. 物质的提纯

在分析中，无机盐提纯常常是为了除去混入的铁杂质，常用加热的方法促进 Fe^{3+} 的水解，在沸水中可生成 $Fe(OH)_3$ 沉淀，经过滤可除去产品中的 Fe^{3+}。

$$Fe^{3+}+3H_2O \rightleftharpoons Fe(OH)_3\downarrow +3H^+$$

2. 溶液的配制

实验室中许多经常使用的试剂，如 $SnCl_2$、$SbCl_3$、$Bi(NO_3)_3$ 等非常容易水解产生沉淀，所以在配制这些盐的溶液时用一定浓度的 HCl 来抑制水解的发生。例如：

$$SnCl_2+H_2O \rightleftharpoons Sn(OH)Cl\downarrow +HCl$$
$$SbCl_3+H_2O \rightleftharpoons SbOCl\downarrow +2HCl$$
$$Bi(NO_3)_3+H_2O \rightleftharpoons BiO(NO_3)\downarrow +2HNO_3$$

3. 物质的制备

有些盐如 $Bi(NO_3)_3$、$SbCl_3$、$TiCl_4$ 等，水解后会产生大量的沉淀，生产上可利用这种作用来制备有关的化合物。例如，TiO_2 的制备反应如下：

$$TiCl_4-H_2O \rightleftharpoons TiOCl_2+2HCl$$
$$TiOCl_2+xH_2O（过量）\rightleftharpoons TiO_2 \cdot xH_2O\downarrow +2HCl$$

拓展提升

泡沫灭火器

泡沫灭火器中装有碳酸氢钠溶液和硫酸铝溶液，一般情况下，两者是分开的，使用泡沫灭火器时，将灭火器倒置，两种盐溶液混合，能产生并喷射出大量二氧化碳及泡沫，它们能黏附在可燃物上，使可燃物与空气隔绝，破坏燃烧

手提式泡沫灭火器

条件，达到灭火的目的。它们的化学反应方程式为：

$$Al_2(SO_4)_3 + 6NaHCO_3 \longrightarrow$$
$$3Na_2SO_4 + 2Al(OH)_3\downarrow + 6CO_2\uparrow$$

泡沫灭火器（如左图所示）从出厂日期算起，达到如下年限的，必须报废。

推车式化学泡沫灭火器——8 年；

手提式化学泡沫灭火器——5 年。

泡沫灭火器可用来扑灭 A 类火灾，如木材、棉布等固体物质燃烧引起的火灾；最适宜扑救 B 类火灾，如汽油、柴油等液体火灾；不能扑救水溶性可燃、易燃液体的火灾（如：醇、酯、醚、酮等物质）和 E 类（带电）火灾。

*第五节　缓冲溶液

学习导航

溶液的酸碱度是影响化学反应的重要因素之一。许多化学反应，特别是生物体内的化学反应，通常需要在一定的 pH 条件下才能正常进行。例如，正常人血浆的 pH 为 7.35～7.45，我们每天吃的食物有酸性的、碱性的，人体是怎么维持 pH 稳定的呢？

看一看

pH缓冲剂

这些袋装的 pH 缓冲剂与我们平时使用的化学试剂有什么不同？

由图 7-11 可知，在 1mol/L HAc 和 1mol/L NaAc 组成的 pH＝5.00 的 100mL 溶液中加入 HCl 和 NaOH 时溶液 pH 基本保持不变，像这种在一定范围内抵御外来少量强酸或强碱，而溶液本身 pH 基本保持不变的溶液就是缓冲溶液。

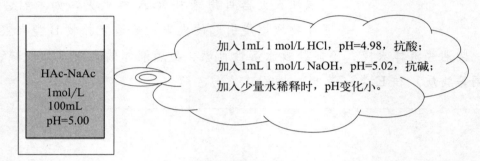

HAc-NaAc
1mol/L
100mL
pH=5.00

加入1mL 1 mol/L HCl，pH=4.98，抗酸；

加入1mL 1 mol/L NaOH，pH=5.02，抗碱；

加入少量水稀释时，pH变化小。

图 7-11　1mol/L HAc 和 1mol/L NaAc 组成的 pH＝5.00 的 100mL 溶液中加入 HCl 和 NaOH 时溶液 pH 的变化

一、缓冲溶液的组成

缓冲溶液的作用就是保持溶液 pH 的相对稳定，很多化学反应都需要在相对稳定的 pH 范围内进行，常见缓冲溶液体系的组成如图 7-12 所示。

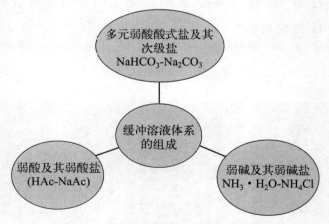

多元弱酸酸式盐及其次级盐
$NaHCO_3$-Na_2CO_3

缓冲溶液体系的组成

弱酸及其弱酸盐
(HAc-NaAc)

弱碱及其弱碱盐
$NH_3 \cdot H_2O$-NH_4Cl

图 7-12　常见缓冲溶液体系的组成

缓冲溶液中的弱酸及其弱酸盐（或弱碱及其弱碱盐、多元弱酸酸式盐及其次

图 7-13　常见的缓冲溶液

级盐）称为缓冲对。常见的缓冲溶液如图 7-13 所示。

二、缓冲作用原理

缓冲溶液为什么具有缓冲作用呢？下面以 HAc-NaAc 缓冲溶液体系为例说明缓冲原理。

$$HAc \Longrightarrow H^+ + Ac^-$$
$$NaAc \longrightarrow Na^+ + Ac^-$$

当向上述溶液中加入少量强酸时，强酸电离出来的 H^+ 便和溶液中的 Ac^- 结合生成 HAc，促使平衡左移，$c(HAc)$ 略有增加，$c(Ac^-)$ 略有降低，但其比值几乎不变，溶液的 pH 基本不变。故 Ac^- 是缓冲溶液的抗酸成分。当向上述溶液中加入少量强碱时，强碱电离出来的 OH^- 便和溶液中的 H^+ 结合生成 H_2O，促使平衡右移，$c(HAc)$ 略有降低，$c(Ac^-)$ 略有增加，但比值几乎不变，溶液的 pH 也基本不变。故 HAc 是缓冲溶液的抗碱成分。

可以看出，缓冲溶液的特点是在一定范围内既能抗酸，又能抗碱，溶液的 pH 都改变很小。但是，缓冲溶液的缓冲能力是有限的。如果加入大量的强酸或强碱，当溶液中的 HAc 或 Ac^- 消耗将尽时，溶液将不再具有缓冲作用了。

缓冲溶液的原理

三、缓冲溶液的 pH

以 HAc-NaAc 为例来推导缓冲溶液 pH 的近似计算公式。

$$HAc \Longrightarrow H^+ + Ac^-$$
$$NaAc \longrightarrow Na^+ + Ac^-$$

$$K_a = \frac{[H^+][Ac^-]}{[HAc]}$$

$$[H^+] = K_a \frac{[HAc]}{[Ac^-]} = K_a \frac{c_{酸}}{c_{盐}} \quad 两边取负对数$$

$$pH = pK_a - \lg\left(\frac{c_{酸}}{c_{盐}}\right)$$

【例 7-4】 将 0.2mol/L 的 HAc 和 0.2mol/L 的 NaAc 等体积混合，计算混合后溶液的 pH。

解 HAc-NaAc 是一元弱酸及其盐组成的缓冲溶液，可按照缓冲溶液 pH 的计算公式进行计算。

溶液等体积混合后，浓度都减少一半，即

$$c(\text{HAc})=c(\text{NaAc})=0.1\text{mol/L}$$

$$pH=pK_a-\lg\frac{c(\text{HAc})}{c(\text{NaAc})}=-\lg(1.8\times10^{-5})-\lg\frac{0.1}{0.1}=4.76$$

练一练

欲配制 pH 为 5.00 的缓冲溶液 500mL，现有 6mol/L 的 HAc 34.0mL，需加入固体 NaAc·3H₂O _____ g。

四、缓冲溶液的选择

选择合适的缓冲溶液，关键是选择合适的缓冲对，选择缓冲对一般有以下几个原则，如表 7-7 所示。

表 7-7　缓冲溶液选择的原则

原则 1	选用的缓冲溶液除与 H⁺ 或 OH⁻ 反应外,不能与系统中其他物质发生反应
原则 2	尽可能选择其 pK_a 与所需 pH 接近的缓冲对
原则 3	根据所需的 pH,适当调整弱酸及其盐(或弱碱及其盐)的浓度,以调节缓冲溶液本身的 pH
原则 4	通常缓冲溶液的两组分的浓度比控制在 0.1~10 之间比较合适

缓冲溶液普遍存在，如人体血液中的 pH 是 7.4，大于 7.8 或小于 7.0 都会导致人的死亡。土壤中存在的多种弱酸及其盐，维持其 pH 在 5~8 范围内，有利于植物生长。在工业、农业、生物科学、医学、化学等方面，缓冲溶液都具有很重要的意义。

练一练

如果要配制 pH=3.0 左右的缓冲溶液，应选择哪组缓冲对？配制 pH=9.0 左右的缓冲溶液，应选择哪组缓冲对？

（1）NH₃-NH₄Cl　　　（2）HAc-NaAc　　　（3）HCOOH-HCOONa

拓展提升

血液中的缓冲体系

血浆中主要的缓冲对：①NaHCO₃-H₂CO₃；②蛋白质钠盐-蛋白质；

③Na_2HPO_4-NaH_2PO_4。

碳酸缓冲体系在血液中浓度最高，缓冲能力最大，在维持血液正常 pH 中发挥的作用最重要。碳酸在溶液中主要是以溶解状态的 CO_2 形式存在。在 CO_2-HCO_3^- 缓冲体系中存在如下平衡：

$$CO_2(g) + H_2O \rightleftharpoons H_2CO_3 \rightleftharpoons H^+ + HCO_3^-$$

肺   肾

正常人血浆的 pH 为 7.35～7.45，

pH＞7.45，碱中毒；

pH＜7.35，酸中毒。

探究实验　电解质溶液

一、强电解质和弱电解质

实验设计 1：取两支试管，分别加入 1mL 0.1mol/L HCl 溶液和 1mL 0.1mol/L HAc 溶液，用 pH 试纸测其 pH，比较溶液 pH 的大小。

项目	0.1mol/L HCl	0.1mol/L HAc
pH		
电离方程式		
结论		

实验设计 2：取两支试管，分别加入 1mL 0.1mol/L HCl 溶液和 1mL 0.1mol/L HAc 溶液，各加 1 滴甲基橙指示剂，比较溶液颜色的深浅。

项目	0.1mol/L HCl 加 1 滴甲基橙指示剂	0.1mol/L HAc 加 1 滴甲基橙指示剂
颜色		
电离方程式		
结论		

实验设计 3：取两支试管，分别加入 5mL 0.1mol/L HCl 溶液和 0.1mol/L HAc 溶液，各加入几粒锌粒，比较放出气体的快慢。

项目	0.1mol/L HCl＋几粒锌粒	0.1mol/L HAc＋几粒锌粒
放气快慢		
反应离子方程式		
结论		

二、同离子效应

实验设计：取二支试管，分别加入 3mL 0.1mol/L HAc 溶液和 1 滴甲基橙指示剂，再向一支试管中加入少量 NaAc 固体，比较两试管中溶液颜色的变化。

项目	0.1mol/L HAc，少量 NaAc 固体，加 1 滴甲基橙指示剂	0.1mol/L HAc，加 1 滴甲基橙指示剂
颜色		
结论		

三、盐类水解及影响因素

实验设计 1：在两个烧杯中，分别配制 2mol/L FeSO$_4$ 溶液 100mL 和 0.5mol/L FeSO$_4$ 溶液 100mL，等几分钟，观察两溶液情况。

项目	2mol/L FeSO$_4$	0.5mol/L FeSO$_4$
现象		
结论		

实验设计 2：在 3 个烧杯中各加入 0.5mol/L FeSO$_4$ 溶液 30mL，把第一个烧杯加热，在第 2 个烧杯中滴加 2mol/L H$_2$SO$_4$ 5 滴，比较 3 个烧杯中溶液的变化。

项目	0.5mol/L FeSO$_4$ 加热	0.5mol/L FeSO$_4$ 5 滴 2mol/L H$_2$SO$_4$	0.5mol/L FeSO$_4$
现象			
结论			

思考与讨论

怎样配制澄清的 $SnCl_2$ 溶液？

本章小结

一、电解质

1. 在水溶液中能完全电离的电解质叫强电解质；在水溶液中仅能部分电离的电解质叫弱电解质。

2. 在一定温度下，弱电解质达到电离平衡时，其平衡常数称为电离平衡常数，简称为电离常数。

3. 一元弱酸或一元弱碱溶液中 $c(H^+)$ 或 $c(OH^-)$ 的近似计算公式为：

$$c(H^+) = \sqrt{K_a c} \quad (\frac{c}{K_a} \geqslant 400)$$

$$c(OH^-) = \sqrt{K_b c} \quad (\frac{c}{K_b} \geqslant 400)$$

二、离子反应与离子反应方程式

1. 电解质在水溶液中发生的离子之间的反应称为离子反应。

2. 离子反应方程式的书写分四个步骤："一写、二改、三消、四查"。

3. 离子互换反应进行的条件：①生成难溶的物质；②生成弱电解质；③生成气体物质。

三、溶液的酸碱性

1. 水的电离及溶液的 pH

$$H_2O \longrightarrow H^+ + OH^-$$

2. 常温时，水的离子积为 $K_w = [H^+][OH^-] = 10^{-14}$

3. 溶液中 H^+ 浓度的负对数叫作 pH，即 $pH = -\lg c(H^+)$

四、盐类水解

1. 盐类水解

盐的离子与水电离出的 H^+ 或 OH^- 结合生成弱电解质的反应叫盐类水解反应。

2. 盐类水解的应用

①物质的提纯；②溶液的配制；③物质制备。

*五、缓冲溶液

1. 缓冲溶液

指能在一定范围内抵御外来少量酸或碱，而本身 pH 值基本保持不变的溶液。

2. 缓冲溶液的 pH

弱酸及其盐组成的缓冲溶液　$pH = pK_a - \lg\left(\dfrac{c_{酸}}{c_{盐}}\right)$

 习题

一、选择题

1. 下列物质中属于强电解质的是（　　），属于弱电解质的是（　　）。

A. HI　　　　　　　　B. I_2　　　　　　　　C. 酒精　　　　　　　　D. HF

2. 下列物质在水溶液中能电离出 H^+ 的是（　　）。

A. HCl　　　　　B. $NH_3 \cdot H_2O$　　　　C. $Mg(OH)_2$　　　　D. $AgNO_3$

3. 在同温、同体积、同浓度的条件下，判断弱电解质的相对强弱的根据是（　　）。

A. 相对分子质量大小　　B. 电离度大小　　C. 〔H^+〕大小　　D. 酸味大小

4. 电离平衡常数与化学平衡常数一样，只与（　　）有关。

A. 压力　　　　　　　B. 浓度　　　　　　　C. 温度　　　　　　　D. 摩尔质量

5. 下列物质在水溶液中以分子和离子两种形式存在的是（　　）。

A. $BaSO_4$　　　　　B. AgCl　　　　　　C. H_2O　　　　　D. NaOH

6. 电解质在溶液中所起的反应实质上是（　　）之间的反应。

A. 分子　　　　　　　B. 原子　　　　　　　C. 离子　　　　　　　D. 电子

7. 下列盐溶液显碱性的是（　　）。

A. NH_4Cl　　　　　B. NaCl　　　　　　C. Na_2CO_3　　　　　D. NaOH

8. 酸性溶液中 $c(H^+)$ 与 $c(OH^-)$ 的关系是（　　）。

A. $c(H^+) > c(OH^-)$　　　　　　　　　B. $c(H^+) < 1 \times 10^{-7} mol/L$

C. $c(OH^-) > 1 \times 10^{-7} mol/L$　　　　　D. $c(H^+) < c(OH^-)$

9. 下列离子反应属于离子互换反应的是（　　）。

A. $Zn + 2H^+ \longrightarrow Zn^{2+} + H_2 \uparrow$　　　　　B. $Cl_2 + 2I^- \longrightarrow I_2 + 2Cl^-$

C. $Cl_2 + 2Fe^{2+} \longrightarrow 2Fe^{3+} + 2Cl^-$　　　　D. $OH^- + HAc \longrightarrow H_2O + Ac^-$

10. 只能表示一个化学反应的离子方程式是 （   ）。

A. $Ba^{2+} + 2OH^- + 2H^+ + SO_4^{2-} \longrightarrow BaSO_4 \downarrow + 2H_2O$

B. $CO_3^{2-} + 2H^+ \longrightarrow CO_2 \uparrow + H_2O$

C. $Zn + 2H^+ \longrightarrow Zn^{2+} + H_2 \uparrow$

D. $2Br^- + Cl_2 \longrightarrow Br_2 + 2Cl^-$

二、判断题

1. 醋酸越稀电离度越大，酸性越强。　　　　　　　　　　　　　　（　　）

2. 碳酸钙不溶于水，所以不是电解质。　　　　　　　　　　　　　（　　）

3. 在相同浓度下，凡一元酸的水溶液，其 $[H^+]$ 都相同。　　　　（　　）

4. 没有自由移动的离子参加的反应，不能写离子方程式。　　　　　（　　）

5. 在书写离子方程式时，应把易溶、易电离的物质写成离子形式。　（　　）

6. 离子方程式不仅表示一定物质间的反应，而且表示了同一类型的离子反应。（　　）

7. 所有的强酸与强碱的反应均可写成 $H^+ + OH^- \longrightarrow H_2O$ 的形式。（　　）

8. 混合溶液一定是缓冲溶液。　　　　　　　　　　　　　　　　　（　　）

三、填空题

1. 在水溶液或熔融状态下，能够_____的化合物叫电解质，不能_____的化合物叫_____。电解质溶解于水或受热熔化时，_____的过程，叫电离。

2. 现有浓度都为 0.1mol/L 的如下几种酸：盐酸 30mL、硫酸 10mL、乙酸 100mL，它们的氢离子浓度由大到小的顺序是_____。

3. 在某中性溶液中，分别滴入指示剂甲基橙、石蕊和酚酞，溶液分别显_____、_____、_____。

4. 写出下列反应的离子方程式

（1）碳酸钙与盐酸反应_____。

（2）氢氧化钠溶液与氯化铁溶液反应_____。

（3）氯气通入碘化钾溶液中_____。

（4）乙酸和氢氧化钠溶液反应_____。

（5）锌片插入硫酸铜溶液中_____。

5. 写出可以用下列离子方程式表示的离子反应的化学方程式各 2 个：

（1）$H^+ + OH^- \longrightarrow H_2O$ _____、_____。

（2）$Ca^{2+} + CO_3^{2-} \longrightarrow CaCO_3 \downarrow$ _____、_____。

四、计算题

1. 在 500mL 醋酸溶液中，溶有醋酸 3.00g，其中有 Ac^- 3.92×10^{-2} g，求此溶液中醋酸的电离度。

2. 求下列溶液的 pH

0.5mol/L NaOH   0.2mol/L HCl   0.05mol/L $NH_3 \cdot H_2O$

3. pH＝2.00 的 HCl 和 pH＝12.00 的 NaOH 溶液等体积混合后溶液的 pH。

五、综合题

某无色透明溶液中可能大量存在 Ag^+、Mg^{2+}、Cu^{2+}、Fe^{3+}、Na^+ 中的几种，请填写下列空白：

（1）不做任何实验就可以肯定原溶液中不存在的离子是_____。

（2）取少量原溶液，加入过量稀盐酸，有白色沉淀生成；再加入过量的稀硝酸，沉淀不消失。说明原溶液中肯定存在的离子是_____，有关离子方程式为_____。

（3）取（2）中的滤液，加入过量的稀氨水（$NH_3 \cdot H_2O$），出现白色沉淀，说明原溶液中肯定有_____。

（4）原溶液可能大量存在的负离子是下列的_____。

A. Cl^-　　　　　　B. NO_3^-　　　　　　C. CO_3^{2-}　　　　　　D. OH^-

第八章
氧化还原反应和电化学基础

　　氧化还原反应在工业生产、农业生产和日常生活中广泛存在。本章主要介绍氧化还原反应、氧化剂和还原剂、电化学基础等知识。

　　学习中应辩证地看待氧化还原反应给人类带来的危害和防治方法，使学生树立对立统一的辩证唯物主义观点，重视化学知识在实际中的应用。

第一节　氧化还原反应

学习导航

　　初中化学对氧化还原反应的认识是，得到氧的反应叫作氧化反应，失去氧的反应叫作还原反应。随着对原子结构的深入认识，人们对氧化还原反应的本质有了进一步的认识。得到氧或失去氧，并不是氧化还原反应的本质特征，本节将对氧化还原的概念进行拓展。

看一看

火箭发射　　　　铁生锈　　　　燃烧　　　　苹果变黄

广泛存在的氧化还原反应

一、氧化还原反应相关概念

1. 氧化数

氧化数是指某元素一个原子的表观电荷数。其数值取决于原子形成分子时的得失电子数或偏移电子数。在化学反应中，当原子的价电子失去或偏离它时，此原子具有正氧化数。当原子获得电子或有电子偏向它时，此原子具有负氧化数。任何形态的单质中元素的氧化数为零，如 Na、H_2 中，Na、H 的氧化数为零。化合物中各元素的氧化数的代数和等于零，具体确定原则及例子见表 8-1。

表 8-1　化合物中各元素氧化数的确定原则及例子

氧化数的确定原则	例子
单原子离子的氧化数等于它所带的电荷数	如 H^+、F^- 中 H、F 的氧化数分别为 +1、−1
多原子离子中，各元素氧化数的代数和等于该离子所带的电荷数	OH^- 中，O 的氧化数为 −2，H 的氧化数为 +1，所以 OH^- 带一个单位负电荷
在共价化合物中，各原子上的形式电荷就是它们的氧化数	如 H_2O 中 H 和 O 的氧化数分别为 +1 和 −2
有些化合物中，元素的氧化数有可能是分数	如 Fe_3O_4 中，Fe 的氧化数为 $+\dfrac{8}{3}$
氢在化合物中的氧化数一般为 +1；氢在活泼金属的氢化物中，氧化数为 −1	如 HBr、NH_3；如 NaH、CaH_2
氧在化合物中的氧化数一般为 −2；过氧化物中，氧的氧化数为 −1	如 H_2O、CaO；如 H_2O_2、Na_2O_2
氟在化合物中的氧化数都为 −1	如 HF、NaF

练一练

确定下列物质中各元素的氧化数

NH_2OH（羟胺）、$Mg_2P_2O_7$、P_4、$Na_2S_2O_3$、K_2SO_4

2. 氧化还原反应

我们学过的化学反应分为四类：化合反应、分解反应、置换反应和复分解反应。请分析下列反应中各物质所含元素的氧化数有无变化？

$$\overset{\text{失去 2e，氧化数升高}}{\overset{0}{Zn}+2\overset{+1}{H}Cl \longrightarrow \overset{+2}{Zn}Cl_2+\overset{0}{H_2}\uparrow}$$

得到 2e，氧化数降低

$$\overset{0}{H_2} + \overset{+2}{Cu}O \longrightarrow \overset{+1}{H_2}O + \overset{0}{Cu}$$

失去 2e，氧化数升高

得到 2e，氧化数降低

像这种在化学反应前后，元素的氧化数有变化的一类反应称作氧化还原反应。元素氧化数升高的反应称为氧化反应；元素氧化数降低的反应称为还原反应。所以，氧化还原反应包括氧化反应和还原反应两个半反应。

思考与讨论

请分析下列反应各物质所含元素的氧化数有无变化，该反应是氧化还原反应吗？

（1） $CaO + CO_2 \xrightarrow{\triangle} CaCO_3$

（2） $NaOH + HCl \longrightarrow NaCl + H_2O$

（3） $H_2 + Cl_2 \xrightarrow{点燃} 2HCl$

四类反应与氧化还原反应的关系如图 8-1 所示。

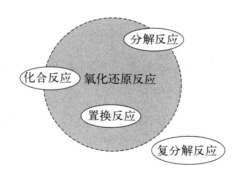

图 8-1　四类反应与氧化还原反应的关系

二、氧化还原反应的实质

元素失去电子（或共用电子对偏离），元素氧化数升高；元素得到电子（或共用电子对偏向），元素化合价降低。元素氧化数的变化是电子得失或偏离的结果，因此氧化还原反应的实质是电子的得失或偏离。

三、氧化还原反应的表示方法

氧化还原反应方程式中电子转移的表示方法有两种：单线桥法和双线桥法。

1. 单线桥法

箭号在等式左边，箭头上只标明电子转移总数。表示电子转移的方向和总数。例如：

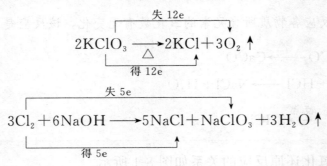

$$2Na+2H_2O \longrightarrow 2NaOH+H_2\uparrow$$

2. 双线桥法

箭号横跨等式两边，且不少于两根箭号。在箭号上要标上"得"或"失"，也可以用"＋"或"－"来表示，然后写出具体的电子数目。

$$2KClO_3 \xrightarrow{\triangle} 2KCl+3O_2\uparrow$$

$$3Cl_2+6NaOH \longrightarrow 5NaCl+NaClO_3+3H_2O\uparrow$$

练一练

请分别用单线桥法和双线桥法来表示下列氧化还原反应。

（1）$Fe+CuSO_4 \longrightarrow Cu+FeSO_4$

（2）$Cu+4HNO_3(浓) \longrightarrow Cu(NO_3)_2+2NO_2\uparrow+2H_2O$

（3）$S+H_2 \xrightarrow{\triangle} H_2S$

（4）$MnO_2+4HCl(浓) \xrightarrow{\triangle} MnCl_2+2H_2O+Cl_2\uparrow$

拓展提升

染发剂的化学原理

近年来，染发俨然已成为人们的时尚选择，据央视国际网络调查，在接受调查的2600多人中，染过发的人占到了90％以上，而且在30岁以前开始染发的人占到了被调查者的半数左右。你知道染发剂的化学原理吗？

市场上的主流产品，它一般不含染料，而是含有染料中间体和偶合剂，这些染料中间体和偶合剂渗透进入头发的皮质后，发生氧化反应、偶合和缩合反应形成较大的染料分子，被封闭在头发纤维内。由于染料中间体和偶合剂的种类不同、含量比例的差别，故产生色调不同的反应产物，各种色调产物组合成不同的色调，使头发染上不同的颜色。由于染料大分子是在头发纤维内通过染料中间体和偶合剂小分子反应生成。因此，在洗涤时，形成的染料大分子不容易通过毛发纤维的孔径被冲洗。

染发剂接触皮肤，而且在染发的过程中还要加热，使苯类的有机物质通过头皮进入毛细血管，然后随血液循环到达骨髓，长期反复作用于造血干细胞，造成造血干细胞的恶变，导致白血病的发生。而染发剂之所以会导致皮肤过敏、白血病等多种疾病，是因为染发剂中含有一种名叫对苯二胺的化学物质。专家称，对苯二胺是染发剂中必须用到的一种着色剂，是国际公认的一种致癌物质。

第二节　氧化剂和还原剂

学习导航

中国古代的火药（黑色炸药）其实也是炸药的一种，火药很简单，就是由硝酸钾、木炭和硫黄机械混合而成。

看一看

重铬酸钾　　　　　　镁　　　　　30%过氧化氢

一、氧化剂与还原剂

元素氧化数的变化是电子得失或偏移的结果。在氧化还原反应中，氧化数升高的反应物称为还原剂。还原剂具有还原性，它在反应中因失去电子或共用电子对偏离而被氧化，还原剂被氧化后的物质称为氧化产物。氧化数降低的反应物称为氧化剂。氧化剂具有氧化性，它在反应中因获得电子或共用电子对偏向而被还原。氧化剂被还原后的物质称为还原产物。电子从还原剂转移到氧化剂的示意图如图 8-2 所示。例如：

$$\overset{0}{Fe} + 2\overset{+1}{H}Cl \longrightarrow \overset{+2}{Fe}Cl_2 + \overset{0}{H_2}\uparrow$$

失 2e，氧化数升高，被氧化

得 2e，氧化数降低，被还原

还原剂　　　氧化剂　　　氧化产物　　　还原产物

图 8-2　电子从还原剂转移到氧化剂的示意图

常见的氧化剂和还原剂见表 8-2，图 8-3 列出了氧化剂与还原剂的对应关系。

表 8-2　常见的氧化剂和还原剂

物质	举例
常见的氧化剂	Cl_2、Br_2、I_2、O_2、$KMnO_4$、$K_2Cr_2O_7$、HNO_3 等
常见的还原剂	K、Na、Ca、Mg、Zn、Al、H_2S、Na_2SO_3、H_2 等
既可做氧化剂又可做还原剂	SO_2、H_2O_2、CO、$FeCl_2$ 等

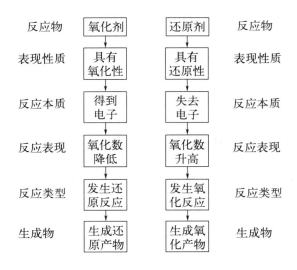

图 8-3　氧化剂与还原剂的对应关系

二、氧化还原反应的类型

1. 一般氧化还原反应

元素氧化数的变化发生于不同物质的不同元素的反应称为一般氧化还原反应。其氧化剂和还原剂是不同的物质。例如，钠和水的反应：

$$\overset{\overbrace{\qquad 2e \qquad}}{2Na+2H_2O \longrightarrow 2NaOH+H_2\uparrow}$$

该反应中，Na 是还原剂，H_2O 是氧化剂。

2. 自身氧化还原反应

元素氧化数的变化发生在同一物质的不同元素的反应称为自身氧化还原反应。这类反应的氧化剂和还原剂是同一物质。如氯酸钾的受热分解：

$$\overset{\text{失 12e}}{2KClO_3 \xrightarrow{\ \triangle\ } 2KCl+3O_2\uparrow}$$
$$\text{得 12e}$$

$KClO_3$ 中 Cl 的氧化数由 $+5$ 降到 -1，氧的氧化数由 -2 升到 0。$KClO_3$ 既是氧化剂又是还原剂。

3. 歧化反应

元素氧化数的变化发生在同一物质的同种元素的反应称为歧化反应。例如：

$$\overset{失 5e}{3Cl_2 + 6NaOH \longrightarrow 5NaCl + NaClO_3 + 3H_2O\uparrow}$$

得 5e

反应中，Cl 元素的氧化数既升高又降低了，Cl_2 既是氧化剂又是还原剂。

三、氧化还原反应方程式的配平

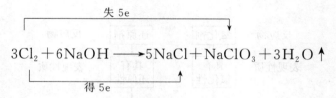

氧化数法配平氧化还原方程

氧化还原反应方程式通常采用氧化数法来配平。这类反应式中的物质较多，各物质的化学计量系数又较大，用直接法很难配平。

1. 氧化数法

氧化数法配平氧化还原方程式的原则：

① 氧化剂中元素氧化数降低的总数与还原剂中元素氧化数升高的总数相等。

② 方程式两边各种元素的原子总数相等。

2. 配平步骤

① 写出未配平的反应式。例如：

$$Cu + HNO_3(稀) \longrightarrow Cu(NO_3)_2 + NO\uparrow + H_2O$$

② 找出有关元素氧化数的变化值。

氧化数升高 2

$$\overset{0}{Cu} + H\overset{+5}{N}O_3(稀) \longrightarrow \overset{+2}{Cu}(NO_3)_2 + \overset{+2}{N}O\uparrow + H_2O$$

氧化数降低 3

③ 根据元素氧化数升高的总数和降低的总数相等的原则。求出氧化数升高与降低的最小公倍数，在相应的化学式之前乘以适当的系数。

氧化数升高 2×3

$$3\overset{0}{Cu} + 2H\overset{+5}{N}O_3(稀) \longrightarrow 3\overset{+2}{Cu}(NO_3)_2 + 2\overset{+2}{N}O\uparrow + H_2O$$

氧化数降低 3×2

④ 用观察法配平反应前后氧化数没有变化的元素的原子个数并检查。

$$3Cu + 8HNO_3 \longrightarrow 3Cu(NO_3)_2 + 2NO\uparrow + 4H_2O$$

【例 8-1】 配平高锰酸钾与盐酸的反应化学反应方程式。

解 按步骤①

$$KMnO_4 + HCl \longrightarrow MnCl_2 + KCl + Cl_2 \uparrow + H_2O$$

按步骤②

氧化数升高 1×2

$$\overset{+7}{K}MnO_4 + 2\overset{-1}{H}Cl \longrightarrow \overset{+2}{M}nCl_2 + KCl + \overset{0}{C}l_2 \uparrow + H_2O$$

氧化数降低 5

按步骤③

氧化数升高 $1 \times 2 \times 5$

$$2\overset{+7}{K}MnO_4 + 10\overset{-1}{H}Cl \longrightarrow 2\overset{+2}{M}nCl_2 + 2KCl + 5\overset{0}{C}l_2 \uparrow + H_2O$$

氧化数降低 5×2

按步骤④

$$2KMnO_4 + 16HCl \longrightarrow 2MnCl_2 + 2KCl + 5Cl_2 \uparrow + 8H_2O$$

请配平下列方程式

（1） $KMnO_4 + \quad K_2SO_3 + \quad H_2SO_4 \longrightarrow MnSO_4 + \quad K_2SO_4 + \quad H_2O$

（2） $K_2Cr_2O_7 + \quad KI + \quad H_2SO_4 \longrightarrow Cr_2(SO_4)_3 + \quad K_2SO_4 + \quad I_2 + \quad H_2O$

离子-电子法配平氧化还原反应

(1)离子-电子法配平氧化还原反应方程式的原则：

① 反应中氧化剂得到电子的总数与还原剂失去电子的总数必须相等。

② 反应式两边各元素的原子总数相等,方程式两边的离子电荷总数也相等。

(2)配平步骤：

① 写出未配平的离子反应式。例如

$$MnO_4^- + Fe^{2+} + H^+ \longrightarrow Mn^{2+} + Fe^{3+} + H_2O$$

② 把离子反应式分写成两个氧化还原半反应式。

$$Fe^{2+} \longrightarrow Fe^{3+}$$

$$MnO_4^- \longrightarrow Mn^{2+}$$

③ 配平两个半反应式。使半反应式两边的原子总数和电荷总数相等。

$$MnO_4^- + 8H^+ \longrightarrow Mn^{2+} + 4H_2O$$

$$MnO_4^- + 8H^+ + 5e \longrightarrow Mn^{2+} + 4H_2O \qquad (1)$$

在还原半反应中，还原为 Mn^{2+} 时，要减少 4 个氧原子，在酸性介质中，它与 8 个 H^+ 结合生成 4 个 H_2O 分子。在配平方程式中，如遇到反应物与生成物所含氧原子数不等时，可根据溶液的酸碱性，在半反应式中加入 H^+、OH^- 及 H_2O 分子，以使方程式两边的氧原子数相等。

在还原半反应中，MnO_4^- 还原为 Mn^{2+} 时，反应式左边 MnO_4^- 和 8 个 H^+ 的总电荷数为 +7，而反应式右边 Mn^{2+} 的总电荷数只有 +2，所以应在反应式左边加 5 个电子才能使反应式两边的电荷总数相等。

在氧化半反应中，Fe^{2+} 氧化为 Fe^{3+} 时，反应式左边 Fe^{2+} 的总电荷数为 +2，反应式右边 Fe^{3+} 的总电荷数为 +3，要使反应式两边的电荷总数相等，需在反应式左边减去 1 个电子。

$$Fe^{2+} - e \longrightarrow Fe^{3+} \qquad (2)$$

④ 根据氧化剂得到电子的总数和还原剂失去电子的总数相等的原则，在两个半反应中乘上适当的系数，然后两式相加，即得到配平的离子方程式。

$$(1) \times 1 \quad MnO_4^- + 8H^+ + 5e \longrightarrow Mn^{2+} + 4H_2O$$

$$+ \quad (2) \times 5 \qquad Fe^{2+} - e \longrightarrow Fe^{3+}$$

$$MnO_4^- + 5Fe^{2+} + 8H^+ \longrightarrow Mn^{2+} + 5Fe^{3+} + 4H_2O$$

氧化数法和离子-电子法各有优缺点。氧化数法配平迅速，适用范围较广，不局限于水溶液中的反应。离子-电子法首先反映出水溶液中氧化还原反应的实质，特别是对有介质参加的复杂反应方程式的配平比较方便。但是，离子-电子法仅适用于配平水溶液中的氧化还原反应方程式，对于其他条件下进行的反应则不适用。

第三节　电化学基础

📚 **学习导航**

　　电化学是研究电和化学反应相互关系的科学。电化学获得了广泛的应用，如能源、材料、环境保护、生命科学等都与电化学以各种各样的方式关联在一起。

🔍 **看一看**

电池　　　　　　　　铝矿石　　　　　　　电镀水龙头

一、原电池

👥 **课堂实验**

　　1. 在 100mL 的小烧杯中加入 0.5mol/L $CuSO_4$ 溶液 50mL，将几块锌片放入其中，再放入一支温度计，观察现象。

　　实验现象：_____

　　反应的离子方程式为：_____

　　2. 在一个 200mL 烧杯中放入 1mol/L $ZnSO_4$ 溶液 150mL 和锌片，另一个 200mL 烧杯中放入 1mol/L $CuSO_4$ 溶液 150mL 和铜片，将两烧杯的溶液用盐桥（由饱和 KCl 的琼脂装入 U 形玻璃管中制成）联通起来，用金属导线将两金属片及安培计串联起来组成图 8-4 的装置。

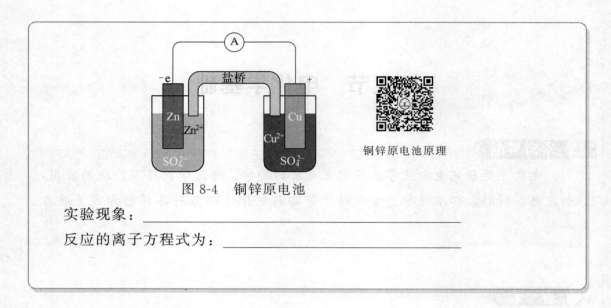

图 8-4　铜锌原电池

铜锌原电池原理

实验现象：_____

反应的离子方程式为：_____

1. 原电池的组成

对比课堂实验 1、2 可知，这两个反应的初终状态完全一样。不同的是原电池中电子不是直接从还原剂转移到氧化剂，而是通过导线由 Zn 转移给了 Cu^{2+}，电子形成了定向运动，从而产生了电流。像这种借助氧化还原反应使化学能转变为电能的装置，叫作原电池。

任何一个氧化还原反应，都可分解为两个半反应，所以理论上可将任何一个氧化还原反应设计成原电池，原电池的组成与氧化还原反应的对应关系如图 8-5 所示。但由于各种因素的影响，真正实用的原电池并不多。

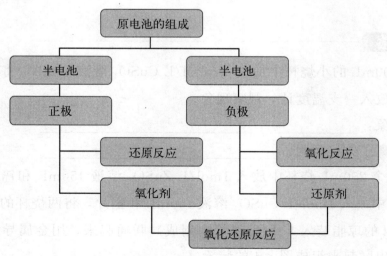

图 8-5　原电池的组成与氧化还原反应的对应关系

原电池是由两个半电池组成的，如上述 Cu-Zn 原电池中，Zn 和 $ZnSO_4$ 溶液形成了锌半电池（负极），Cu 和 CuSO₄ 溶液形成了铜半电池（正极）。组成半电池需要有导体的存在，这种导体称为电极。如 Cu-Zn 原电池中的锌电极和铜电极，除了起导电作用外，还参与氧化还原反应。若半电池中没有固体导体，需引入金属铂（Pt）、石墨棒等电极，这类电极只起导电作用而不参与氧化还原反应，我们称之为惰性电极。

组成原电池还必须有电解质溶液的存在，它起到把两个半电池联通起来的作用。

不仅金属和它的盐溶液能组成原电池，任何两种不同金属插入同一种电解质溶液中都能组成原电池。例如，将铜片和锌片插到稀硫酸溶液中用导线把金属片连接起来就构成一个原电池，这就是著名的伏特电池。图 8-6 是伏特电池和干电池的示意图。干电池是常见的电池种类。干电池中的化学药品是糊状物。另一种常见的电池是水银电池，常用于计算机、手表、心脏起搏器和摄影机。

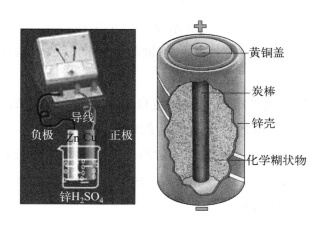

图 8-6　伏特电池和干电池示意图

2. 原电池的电极反应、电对及电池反应

原电池中，电子流出的极为负极（如锌片），负极发生氧化反应。电子流入的极为正极（如铜片），正极发生还原反应。在电极上发生的氧化（或还原）反应称为该电极的电极反应，或叫原电池的半反应，两个半反应合并起来构成原电池的总反应，称为电池反应。半电池中氧化型和还原型组成了电极反应的电对，用"氧化型/还原型"符号表示。其中氧化数高的称为氧化型，氧化数低的称为还原型。表 8-3 列出了 Cu-Zn 原电池中的电极反应、电对及电池反应。

表 8-3　Cu-Zn 原电池中的电极反应、电对及电池反应

电极	电极反应	电对	反应类型	电池反应
负极	$Zn - 2e \longrightarrow Zn^{2+}$	Zn^{2+}/Zn	氧化反应	$Zn + Cu^{2+} \longrightarrow Zn^{2+} + Cu$
正极	$Cu^{2+} + 2e \longrightarrow Cu$	Cu^{2+}/Cu	还原反应	

3. 原电池符号表

为了方便，原电池装置可用符号来表示。

例如 Cu-Zn 原电池可表示为：

$$(-)Zn \mid ZnSO_4(c_1) \parallel CuSO_4(c_2) \mid Cu(+)$$

原电池符号的书写规则：

① 写出负极（－）和正极（＋）符号，负极写在左边，正极写在右边。

原电池符号

② "｜"表示两相之间的界面。

③ "‖"表示用盐桥把两个半电池连接。

④ 电极物质为溶液时，要注明其浓度，当溶液浓度为 $1mol/L$ 时，可省略不写。若是气体要注明其分压。同一相的不同物质之间，或电极中的相界面，要用"，"把它们隔开。

⑤ 半电池中需插入惰性电极，惰性电极在电池符号中要表示出来。

根据电池符号可以清晰地看出原电池的组成。

【**例 8-2**】 $2Fe^{3+} + Sn^{2+} \longrightarrow Sn^{4+} + 2Fe^{2+}$ 反应式中，$c(Sn^{2+}) = c(Fe^{3+}) = 1mol/L$，$c(Sn^{4+}) = c(Fe^{2+}) = 0.1mol/L$，该反应组成原电池，试写出其电极反应、电对、电池反应及电池符号。

解　负极　　　　$Sn^{2+} - 2e \longrightarrow Sn^{4+}$　　Sn^{4+}/Sn^{2+}

　　　正极　　　　$Fe^{3+} + e \longrightarrow Fe^{2+}$　　Fe^{3+}/Fe^{2+}

　　　电池反应　　$Sn^{2+} + 2Fe^{3+} \longrightarrow Sn^{4+} + 2Fe^{2+}$

　　　电池符号　$(-)Pt \mid Sn^{4+}(0.1mol/L), Sn^{2+} \parallel Fe^{3+}, Fe^{2+}(0.1mol/L) \mid Pt(+)$

二、电解及其应用

1. 电解原理

电解是电流通过电解质溶液或熔融态离子化合物时引起氧化还原反应的过程。像这种将电能转变为化学能的装置称为电解池或电解槽。电解池中与电源负极相连的电极称为阴极，与电源正极相连的电极称为阳极。

如图 8-7 所示，在一个 U 形管中加入饱和食盐水，插入两根碳棒作电极，在两边管中滴入几滴酚酞指示剂，并用湿润的淀粉-KI 试纸检验阳极放出的气体。

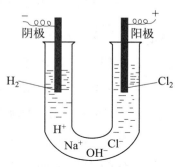

图 8-7　电解饱和食盐水实验装置示意图

实验现象：_____

反应的方程式为：_____

此反应是氯碱工业的主要反应，以较廉价的氯化钠为主要原料可以生产烧碱、氯气和氢气等重要的化工原料。在上述电解饱和食盐水的实验中，电解产物之间能发生化学反应，如 NaOH 溶液和 Cl_2 能发生反应生成 NaClO，H_2 和 Cl_2 混合遇火能发生爆炸。在工业生产中，为避免这几种产物混合，常采用离子交换膜法进行电解。

电子从电源的负极流向阴极，使阴极上电子过剩；电子从阳极离开，使阳极上电子缺少。所以电解质溶液或熔盐中的阳离子移向阴极，在阴极上得到电子发生还原反应；阴离子移向阳极，在阳极上失去电子发生氧化反应。电解时，阳离子得到电子或阴离子失去电子的过程都称为放电。

电解质水溶液电解时，除了电解质本身电离的阴阳离子外，还有水部分电离出的 H^+ 和 OH^-，所以阴极上发生放电的可能是 H^+ 或金属阳离子；阳极上发生放电的可能是 OH^- 或其他阴离子。

2. 电解的应用

人们把电解原理应用于工业生产，使电解合成、电解冶炼、电解精炼和电镀等工业得到了飞速发展。

（1）冶金工业　应用电解原理从金属化合物中制取金属的过程叫电冶。金属活泼性在 Al 之前（包括 Al）的金属，它们的阳离子不易获得电子，很难用其他方法冶炼，在工业上常采用电解它们的熔融化合物来制取。例如，电解熔融的 $MgCl_2$ 制取金属 Mg。

阳极 $\qquad\qquad 2Cl^- - 2e \longrightarrow Cl_2$（氧化反应）

阴极 $\qquad\qquad Mg^{2+} + 2e \longrightarrow Mg$（还原反应）

电解总反应 $\qquad\qquad MgCl_2 \xrightarrow{\text{电解}} Mg + Cl_2 \uparrow$

工业上，还常用电解的方法提纯粗铜，如图 8-8 所示。电解槽的阳极是粗铜板，阴极是纯铜制成的薄板，$CuSO_4$ 溶液作电解液。电解时，阳极上的铜不断溶解成 Cu^{2+} 进入溶液，在阴极上 Cu^{2+} 不断地还原为纯铜而析出。同时，粗铜中的 Zn、Pb、Fe 等杂质也与 Cu 一起以离子形式进入溶液，生成相应的二价离子，但它们在阳极上不能析出。粗铜中含有的贵重金属，如：Au、Ag、Pt 等不能溶解，在阳极附近沉积，称为阳极泥。从阳极泥中可提取这些贵重金属。用电解的方法可得到达 99.9% 的精铜。

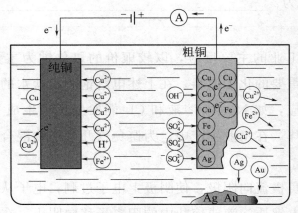

图 8-8　电解提纯粗铜

（2）电镀　应用电解原理在某些金属表面镀上一层其他金属或合金的过程叫电镀。电镀的目的主要是使金属增强抗腐蚀能力，增加美观及表面硬度。镀层金属通常是一些在空气或溶液中不易起变化的金属（如 Cr、Zn、Ni、Ag）或合金。图 8-9 是生产生活中的电镀。

图 8-9　生产生活中的电镀

电镀时，镀件作阴极，镀层金属作阳极，镀层金属的盐溶液作电镀液，通电后，溶液中的金属离子在阴极获得电子，成为金属薄膜均匀地覆盖在待镀物件上。例如在铁片上镀锌。

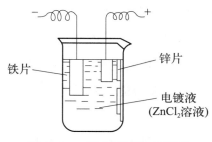

课堂实验

　　如图 8-10 所示，在大烧杯中加入 1mol/L 的 $ZnCl_2$ 作电镀液，待镀的铁片作阴极，镀层金属锌作阳极，接通直流电源几分钟后，观察实验现象。

图 8-10　镀锌装置示意图

实验现象：_____

阴极电解方程式：_____

阳极电解方程式：_____

*三、电极电势及其应用

1. 标准氢电极

　　1953 年，国际纯粹与应用化学联合会规定：标准氢电极是将表面镀有一层铂黑的铂片浸入氢离子浓度（严格地说是离子的活度）为 1mol/L 的 H_2SO_4 溶液中，在 298.15K 时不断通入 $p^{\ominus}(H_2)=100kPa$ 的纯氢气，使铂黑吸附氢气达到饱和，这样的氢电极即为标准氢电极。如图 8-11 所示。规定它的电极电势为零。

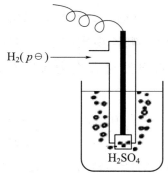

图 8-11　标准氢电极

查标准电极电势附录表三，用标准锌电极与标准氢电极组成原电池测量锌电极的标准电极电势，锌电极的标准电极电势为多少？

2. 电极电势与能斯特方程

在标准状态下测定的标准电极电势值见附录，一旦条件发生改变，电极电势值也随之改变。如何确定非标准状态下的电极电势值呢？德国科学家能斯特（H. W. Nernst）从理论上推导出电极电势与反应温度、反应物浓度（或压力）、溶液的酸度之间的定量关系式，称为能斯特方程式。

设任意电极的电极反应为

$$p \text{ 氧化型} + n e \Longrightarrow q \text{ 还原型}$$

能斯特方程式表达为

$$\varphi_{\text{电对}} = \varphi_{\text{电对}}^{\ominus} + \frac{RT}{nF} \ln \frac{[c(\text{氧化型})]^p}{[c(\text{还原型})]^q}$$

式中　　　　　$\varphi_{\text{电对}}$——非标准态下电对的电极电势，V；

$\varphi_{\text{电对}}^{\ominus}$——电对的标准电极电势，V；

R——气体热力学常数，$8.314 J/(mol \cdot K)$；

T——热力学温度，K；

n——电极反应中电子转移的数目；

F——法拉第常数，$96485 C/mol$；

$c(\text{氧化型})$，$c(\text{还原型})$——分别为氧化型物质和还原型物质的浓度；

p，q——表示电极反应中氧化型物质和还原型物质的计量系数。

即 $[c(\text{氧化型})]^p / [c(\text{还原型})]^q$ 之比表示在电极反应中氧化型一侧各物质浓度系数次方的乘积与还原型一侧各物质浓度系数次方的乘积之比。

将上述数据代入式中，将自然对数换为常用对数，在 298.15K 时，能斯特方程表示为：

$$\varphi_{\text{电对}} = \varphi_{\text{电对}}^{\ominus} + \frac{0.0592}{n} \ln \frac{[c(\text{氧化型})]^p}{[c(\text{还原型})]^q}$$

电极反应中有下列物质参与时能斯特方程的表示式见表 8-4。能斯特方程可以计算电对在各种浓度（或压力）下的电极电势，在实际应用中有很重要的用途。

表 8-4　电极反应中有下列物质参与时能斯特方程的表示式

电极反应中有下列物质参与时	能斯特方程表示式
气体参与	$Cl_2 + 2e \Longrightarrow 2Cl^-$ $\varphi(Cl_2/Cl^-) = \varphi^{\ominus}(Cl_2/Cl^-) + \dfrac{0.0592}{2}\lg\dfrac{p(Cl_2)/p^{\ominus}(Cl_2)}{[c(Cl^-)]^2}$
纯固体或纯液体参与	$AgI(s) + e \Longrightarrow Ag(s) + I^-$ $\varphi(AgI/Ag) = \varphi^{\ominus}(AgI/Ag) + 0.0592\lg\dfrac{1}{c(I^-)}$
H^+ 或 OH^- 参与	$MnO_4^- + 8H^+ + 5e \Longrightarrow Mn^{2+} + 4H_2O$ $\varphi(MnO_4^-/Mn^{2+}) = \varphi^{\ominus}(MnO_4^-/Mn^{2+}) + \dfrac{0.0592}{5}\lg\dfrac{[c(MnO_4^-)][c(H^+)]^8}{[c(Mn^{2+})]}$
能斯特方程可以表示标准状态时或非标准状态时电对的电极电势	

【例 8-3】　计算电对（$Cr_2O_7^{2-}/Cr^{3+}$）的电极电势。已知 $T = 298.15K$，$c(Cr_2O_7^{2-}) = c(Cr^{3+}) = 1mol/L$，$c(H^+) = 0.01mol/L$。

解　电极反应为　$Cr_2O_7^{2-} + 14H^+ + 6e \Longrightarrow 2Cr^{3+} + 7H_2O$

查表知：$\varphi^{\ominus}(Cr_2O_7^{2-}/Cr^{3+}) = 1.33V$

$$\varphi(Cr_2O_7^{2-}/Cr^{3+}) = \varphi^{\ominus}(Cr_2O_7^{2-}/Cr^{3+}) + \frac{0.0592}{6}\lg\frac{[c(Cr_2O_7^{2-})][c(H^+)]^{14}}{[c(Cr^{3+})]^2}$$

$$= 1.33 + \frac{0.0592}{6}\lg[c(H^+)]^{14} = 1.33 + \frac{0.0592}{6}\lg 0.01^{14} = 1.05 \text{ (V)}$$

答：H^+ 浓度为 $0.01mol/L$ 时，$Cr_2O_7^{2-}/Cr^{3+}$ 电对的电极电势为 $1.05V$。

练一练

计算下列电极在 298.15K 时的电极电势。

（1）$Cu|Cu^{2+}(0.01mol/L)$

（2）$Pt|Cl_2(101.325kPa)|Cl^-(0.01mol/L)$

3. 电极电势的应用

标准电极电势是电化学的重要数据，利用标准电极电势数据，可以判断氧化还原反应发生的可能性；氧化还原反应进行的方向及程度。对学习氧化还原反应十分有帮助。图 8-12 是电极电势的应用。

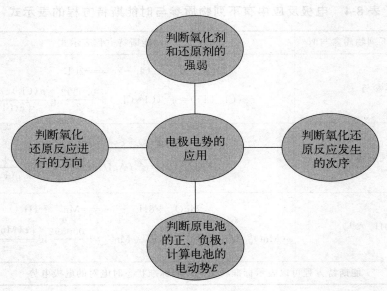

图 8-12　电极电势的应用

四、金属的防护

金属的腐蚀是一个复杂的氧化还原过程。腐蚀的程度决定于金属本身的性质、结构。周围介质对金属的腐蚀也有很大影响，如金属在潮湿空气中比在干燥空气中容易腐蚀；介质的酸性越强，金属腐蚀得越快。所以要防止金属腐蚀，必须设法阻止金属与周围的物质发生反应。

1. 加保护层

在金属表面涂上一层保护层，将金属与周围物质隔绝起来。如在金属表面涂一层油漆、沥青或覆盖搪瓷、塑料、橡胶等物质。另外，还可在金属表面镀一层不易被腐蚀的金属，如锌、锡、铬、镍等。保护内部金属不受腐蚀。

2. 制成耐腐蚀的合金

在普通钢中加入铬、镍等元素制成不锈钢，改变了钢内部的组织结构，增强了钢的耐腐蚀能力。不锈钢制品具有较强的抗腐蚀性能，不易生锈，常用它制作各种生活用品及工业用品。

3. 电化学保护

根据原电池正极不受腐蚀的原理，常在被保护的金属上连接比其更活泼的金属，活泼金属作为原电池的负极被腐蚀，被保护的金属作为正极受到了保护。

除上述方法外，还有化学处理法、缓蚀剂法等，根据金属的种类及其所处的环境，采取适当的防护措施，可以减缓或基本消除金属的腐蚀。

2019年诺贝尔化学奖——锂电池

2019年诺贝尔化学奖授予 John B. Goodenough（约翰·班宁斯特·古迪纳夫）、Stanley Whittingham（斯坦利·惠延汉姆）和吉野彰，三位科学家的获奖理由是为锂电池的发展做出了卓越贡献。

John B. Goodenough 是钴酸锂、锰酸锂和磷酸铁锂正极材料的发明人，锂离子电池的奠基人之一，被公认为锂离子电池之父。

Stanley Whittingham 在 20 世纪 70 年代，提出了锂离子电池的最初概念模型，其采用硫化钛作为正极材料，金属锂作为负极材料制成首个锂离子电池。

吉野彰在 1985 年实现了首个可商用的锂离子电池，他以 Goodenough 的电池正极为基础，使用石油焦炭（一种碳材料）作为电池的负极，创造了轻便耐用的锂离子电池，并能实现数百次充放电，也成为第一个进入消费领域的锂离子电池设计方案。

1991 年，索尼公司将以 Goodenough 和吉野彰两人研究成果为基础的锂离子电池推向市场，锂离子电池迎来商业化曙光。

如今，锂离子电池凭借能量密度高、寿命长、没有记忆效应等特点，被广泛应用到手机、消费电子设备及新能源汽车等领域。

实验四　氧化还原与电化学

【实验目的】

1. 掌握电极电势与氧化还原反应的关系。

2. 说出影响电极电势的因素。

3. 掌握能斯特方程的应用。

4. 熟悉原电池的工作原理。

【实验用品】

实验仪器：

试管、滴管。

实验药品：

0.1mol/L KI、0.1mol/L $FeCl_3$、CCl_4、0.1mol/L KBr、0.5mol/L $CuSO_4$、0.5mol/L Na_2SO_4、饱和溴水、3mol/L H_2SO_4、3mol/L HAc、0.1mol/L $KMnO_4$、0.5mol/L $Na_2S_2O_3$、6mol/L NaOH、MnO_2（固）、2mol/L HCl、浓 HCl、淀粉-KI 试纸、0.5mol/L NaF。

【实验步骤】

实验步骤	实验现象	解释和结论
1. 电极电势与氧化还原反应的关系 （1）在试管中加入 1mL 0.1mol/L KI 溶液，再加入 1mL 0.1mol/L $FeCl_3$ 溶液，振荡混匀，再加入 1mL CCl_4，充分振荡	CCl_4 层颜色的变化	离子反应方程式：_____
（2）在试管中加入 1mL 0.1mol/L KBr 溶液，再加入 1mL 0.1mol/L $FeCl_3$ 溶液，振荡混匀，再加入 1mL CCl_4，充分振荡	CCl_4 层颜色的变化	离子反应方程式：_____
（3）在试管中加入 1mL 0.1mol/L KI 溶液和 1mL CCl_4 溶液，再加入 1mL 溴水，充分振荡	CCl_4 层颜色的变化	离子反应方程式：_____
通过上述实验比较：Br_2/Br^-、I_2/I^-、Fe^{3+}/Fe^{2+} 标准电极电势的大小 _____ 指出_____是最强的氧化剂，_____是最强的还原剂		
2. 介质的酸碱性对氧化还原反应的影响 （1）在两支试管中各加入 1mL 0.1mol/L KBr 溶液，再分别加入 1mL 3mol/L H_2SO_4 溶液和 1mL 3mol/L HAc 溶液，然后向 2 支试管中各加入 2 滴 0.1mol/L $KMnO_4$ 溶液	两试管中 $KMnO_4$ 颜色褪去快的是_____	离子反应方程式：_____
（2）在三支试管中，各加入 1mL 0.5mol/L $Na_2S_2O_3$ 溶液，向第一支试管中加入 0.5mL 3mol/L H_2SO_4 溶液，第二支试管中加入 0.5mL 6mol/L NaOH 溶液，第三支试管中加入 0.5mL 蒸馏水，摇匀。然后向 3 支试管中各加入 2 滴 0.1mol/L $KMnO_4$ 溶液，观察各试管现象，写出相关离子反应方程式	实验现象_____	离子反应方程式：_____

实验步骤	实验现象	解释和结论
3. 浓度对氧化还原反应的影响 在两支试管中各加入少量固体 MnO_2，分别滴加 2mol/L HCl 溶液及浓 HCl	实验现象_____ 用湿润的淀粉-KI 试纸检查，试纸变为_____色	离子反应方程式：_____
4. 配合物的形成对氧化还原反应的影响 在试管中加入 1mL 0.1mol/L $FeCl_3$ 溶液，逐滴加入 0.5mol/L NaF 溶液至溶液为无色后过量 2 滴，然后加入 1mL 0.1mol/L KI 溶液及 1mL CCl_4 充分振荡。与实验 1(1)比较，解释原因	CCl_4 层的颜色____	与实验 1(1)比较。解释原因_____

【思考讨论】

1. Fe^{3+} 能将 Cu 氧化成 Cu^{2+} 吗？Cu^{2+} 能将 Fe 氧化成 Fe^{2+} 吗？

2. 盐桥起什么作用？

本章小结

一、氧化还原反应

1. 氧化还原反应

① 在化学反应中，凡反应前后元素的氧化数发生变化的反应称为氧化还原反应。元素的氧化数升高（失去电子或共同电子对偏离）的反应称为氧化反应，元素的氧化数降低（得到电子或共用电子对偏向）的反应称为还原反应。

② 氧化还原反应的类型分为一般氧化还原反应，自身氧化还原反应和歧化反应。

2. 氧化还原反应方程式的配平

氧化数法配平氧化还原方程式的原则：氧化剂中元素的氧化数降低的总数与还原剂中元素氧化值升高的总数相等，方程式两边各种元素的原子总数相等。

二、电化学基础

1. 原电池

① 借助氧化还原反应使化学能转变为电能的装置，叫作原电池。

② 原电池是由两个半电池，电极及电解质溶液组成的。原电池中，电子流出的一极为负极，负极上发生氧化反应。电子流入的一极为正极，正极上发生还原反应。

③ 用原电池符号来表示原电池的组成。

④ 原电池的电动势表示原电池两电极的电势差。

$$E = \varphi_{(+)} - \varphi_{(-)}$$

2. 电解及其应用

① 电解是电流通过电解质溶液或熔融态离子化合物而引起氧化还原反应的过程。

② 将电能转变为化学能的装置称为电解池或电解槽。电解池中与电源的负极相连的电极称为阴极，在阴极上发生还原反应。与电源正极相连的电极称为阳极，在阳极上发生氧化反应。

③ 电解在氯碱工业、冶金工业、电镀工业上的应用。

* 3. 电极电势及其应用

① 标准氢电极。标准氢电极的电极电势为0。

② 影响电极电势的因素。电极电势值的大小首先由电对的本性决定，另外还受到温度、浓度（或压力）、溶液的酸度等因素的影响，用能斯特方程式来表示上述因素之间的定量关系。

$$\varphi_{\text{电对}} = \varphi_{\text{电对}}^{\ominus} + \frac{0.0592}{n} \lg \frac{[c(\text{氧化型})]^p}{[c(\text{还原型})]^q}$$

③ 电极电势的应用

a. 判断氧化剂和还原剂的强弱；

b. 判断原电池的正、负极，计算电池的电动势 E；

c. 判断氧化还原反应进行的方向；

d. 判断氧化还原反应发生次序。

4. 金属的腐蚀及防护

① 金属的腐蚀是指金属或合金和周围接触到的液体或气体等介质发生化学反应而使金属或合金受到破坏的现象。金属的腐蚀分为化学腐蚀和电化学腐蚀。

② 防止金属腐蚀，一般采取加保护层，制成耐腐蚀的合金，电化学保护等措施。

一、选择题

1. $K_2Cr_2O_7$ 中 Cr 的氧化数是（　　　）。

A. $+1$　　　　　　　B. $+2$　　　　　　　C. $+3$　　　　　　　D. $+6$

2. 下列关于氧化还原反应说法正确的是（　　　）。

A. 肯定一种元素被氧化，另一种元素被还原

B. 某元素从化合态变成游离态，该元素一定被还原

C. 在反应中不一定所有元素的氧化数都发生变化

D. 在氧化还原反应中非金属单质一定是氧化剂

3. 黑火药爆炸反应为：$S+2KNO_3+3C \longrightarrow K_2S+3CO_2\uparrow+N_2\uparrow$，该反应中，氧化剂是（　　　）。

①C　②S　③K_2S　④KNO_3　⑤N_2

A. ①③⑤　　　　　　B. ②④　　　　　　C. ②④⑤　　　　　　D. ③④⑤

4. 下列变化需要加入氧化剂的是（　　　）。

A. $S^{2-} \longrightarrow HS^-$　　　　　　　　B. $HCO_3^- \longrightarrow CO_2$

C. $2Cl^- \longrightarrow Cl_2$　　　　　　　　D. $Cu^{2+} \longrightarrow Cu$

5. 下列各反应中，水只做氧化剂的是（　　　）。

A. $C+H_2O \longrightarrow CO+H_2$　　　　　　B. $2H_2O \longrightarrow 2H_2\uparrow+O_2\uparrow$

C. $Na_2O+H_2O \longrightarrow 2NaOH$　　　　D. $CuO+H_2 \longrightarrow Cu+H_2O$

6. 鲜榨苹果汁是人们喜爱的饮料。由于此饮料中含有 Fe^{2+}，现榨的苹果汁在空气中会由淡绿色的 Fe^{2+} 变为棕黄色 Fe^{3+}。这个变色的过程中的 Fe^{2+} 被＿＿＿＿＿＿＿＿（填"氧化"或"还原"）。若在榨汁的时候加入适量的维生素 C，可有效防止这种现象的发生。这说明维生素 C 具有（　　　）。

A. 氧化性　　　　B. 还原性　　　　C. 酸性　　　　D. 碱性

7. 根据你的理解，氧化还原反应的实质是（　　　）。

A. 分子中的原子重新组合　　　　　　B. 氧元素的得失

C. 电子的得失或共用电子对的偏移　　D. 化合价的改变

8. 下列反应一定属于氧化还原反应的是（　　　）。

A. 化合反应　　　　B. 分解反应　　　　C. 置换反应　　　　D. 复分解反应

9. 世界卫生组织（WHO）将二氧化氯 ClO_2 列为 A 级高效安全灭菌消毒剂，它在食品保鲜、饮用水消费等方面有着广泛应用。下列说法中正确的是（　　　）。

A. 二氧化氯是强氧化剂　　　　　　B. 二氧化氯是强还原剂

C. 二氧化氯是离子化合物　　　　　D. 二氧化氯分子中氯为 -1 价

二、请分别用单线桥法和双线桥法来表示下列氧化还原反应

1. $S + O_2 \xrightarrow{\text{点燃}} SO_2$

2. $C + 2H_2SO_4(\text{浓}) \xrightarrow{\triangle} CO_2 \uparrow + 2SO_2 \uparrow + 2H_2O$

三、配平下列反应方程式

1. $MnO_2 + HCl(\text{浓}) \xrightarrow{\triangle} MnCl_2 + H_2O + Cl_2 \uparrow$

2. $H_2SO_4(\text{浓}) + Fe \xrightarrow{\triangle} Fe_2(SO_4)_3 + SO_2 \uparrow + H_2O$

3. $Cu + HNO_3(\text{稀}) \xrightarrow{\triangle} Cu(NO_3)_2 + NO \uparrow + H_2O$

4. $Cl_2 + NaOH \longrightarrow NaClO + NaCl + H_2O$

5. $Cu + HNO_3(\text{浓}) \longrightarrow Cu(NO_3)_2 + NO_2 \uparrow + H_2O$

第九章
配位化合物简介

　　配位化合物（简称配合物），是一类组成复杂的化合物。随着人们对配合物组成、结构、性质及应用研究的不断深入，配合物化学已经发展成为一门独立学科——配位化学。配位化学是化学学科中一个十分活跃的研究领域，并已渗透到有机化学、分析化学、物理化学、量子化学、生物化学等许多学科中，对近代科学的发展起到了很大的作用。

第一节　配位化合物的基本概念

学习导航

　　元素周期表中绝大多数金属元素都能形成配合物，并且他们的存在非常的普遍，应用广泛。因此，了解有关配合物基本知识非常必要。本节主要介绍配合物的定义、组成和命名。

看一看

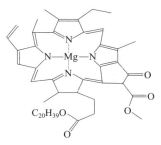

叶绿素的结构示意图

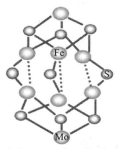

固氮酶中Fe-Mo中心结构示意图

取 2 支试管，分别加入 2mL 0.5mol/L 的硫酸铜溶液，再分别滴入 1mol/L 的 NaOH 溶液和 1mol/L 的氨水溶液，观察实验现象是否相同？

滴加 NaOH 溶液的现象：＿＿＿＿＿＿＿＿＿＿＿＿＿＿＿＿＿＿＿＿＿

滴加氨水溶液的现象：＿＿＿＿＿＿＿＿＿＿＿＿＿＿＿＿＿＿＿＿＿＿

一、配合物的定义

配合物是含有配离子或配合分子的化合物。配离子或配合分子是由中心离子（通常是金属离子）和配位体组成的，它们之间以配位键结合。配离子习惯上也称配合物，它可以是阳离子，也可以是阴离子。如 $[Cu(NH_3)_4]^{2+}$ 和 $[HgI_4]^{2-}$ 配离子，是分别由阳离子 Cu^{2+} 与中性分子 NH_3 形成的带正电荷的配离子和由阳离子 Hg^{2+} 与阴离子 I^- 形成的带负电荷的配离子。

思考与讨论

为什么 $CuSO_4 \cdot 5H_2O$ 晶体是蓝色的，而无水 $CuSO_4$ 是白色？

二、配合物的组成

配合物一般是由内界和外界组成。方括号内是配合物的内界，它是配合物的特征部分，由中心离子（或原子）和配位体组成的配离子（或配分子）。不在内界的其他离子是配合物的外界，外界为一般离子。例如：

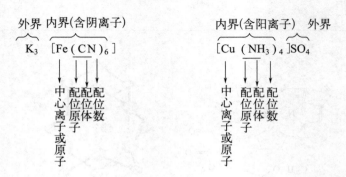

1. 中心离子（或原子）

位于配离子中心的带有正电荷的离子叫中心离子（或原子），也叫配合物的形成体，是配合物的核心部分。常见的中心离子大都是过渡金属离子，如 Fe^{3+}、Fe^{2+}、Cr^{3+}、Co^{3+}、Ni^{2+}、Cu^{2+}、Zn^{2+}、Ag^+、Hg^{2+} 等。

2. 配位体

在配离子（或配分子）内，同中心离子结合的中性分子或离子叫配位体。在配位体中直接和中心离子以配位键相结合的原子称配位原子。例如，$[Cu(NH_3)_4]^{2+}$ 中的 NH_3 是配位体，NH_3 中的 N 原子是配位原子；$[HgI_4]^{2-}$ 中的 I^- 既是配位体，又是配位原子。常见的配位原子主要是一些非金属如 N、O、S、C、卤素等元素的原子。常见的配位体有 NH_3、H_2O、Cl^-、Br^-、I^-、CN^-、SCN^- 等。

3. 配位数

配合物中配位原子的数目叫作中心离子的配位数。一些中心离子的常见配位数，如表 9-1 所示。目前已知配位数有 2，3，4，…，12。

表 9-1　一些中心离子的配位数

配位数	常见中心离子
2	Ag^+、Cu^+、Au^+
4	Ni^{2+}、Cu^{2+}、Zn^{2+}、Hg^{2+}、Co^{2+}、Pt^{2+}
6	Fe^{2+}、Fe^{3+}、Co^{2+}、Co^{3+}、Ni^{2+}、Al^{3+}、Cr^{3+}、Ca^{2+}

练一练

请指出下列配合物的中心离子或原子、配位体和配位数。

（1）配合物 $[Co(NH_3)_6]Cl_3$ 的中心离子或原子 _____；配位体 _____；配位数 _____。

（2）配合物 $K_2[Zn(OH)_4]$ 的中心离子或原子 _____；配位体 _____；配位数 _____。

4. 配离子的电荷

中心离子的电荷与配位体的总电荷的代数和为配离子的电荷数。例如：

$[Ag(NH_3)_2]Cl$ 中配离子的电荷数 $=(+1)+2\times 0=+1$

$Na_2[Zn(CN)_4]$ 中配离子的电荷数 $=(+2)+4\times(-1)=-2$

配合物本身是电中性的，我们也可根据配合物外界离子的电荷确定配离子的电荷。例如，$[CoCl(NH_3)_5]Cl_2$ 的外界有 2 个 Cl^-，则配离子的电荷为 $+2$。

比较明矾 [KAl(SO$_4$)$_2$·12H$_2$O] 与硫酸四氨合铜 [Cu(NH$_3$)$_4$]SO$_4$ 两者的电离，判断明矾是否为配合物？

三、配合物的命名

配合物的命名主要是遵循以下命名原则。

① 命名配离子时，配位体的名称在前，中心原子名称在后。

② 配位体和中心原子的名称之间用"合"字相连。

③ 中心原子为离子者，在金属离子的名称之后附加带圆括号的罗马数字 [（Ⅰ）、（Ⅱ）、（Ⅲ）等]，以表示离子的价态。

④ 配位数用中文数字在配位体名称之前。

例如，H$_2$[PtCl$_6$] 命名为六氯合铂（Ⅳ）酸。

⑤ 如果配合物中有多种配位体，则它们的排列次序为：阴离子配位体在前，中性分子配位体在后；无机配位体在前，有机配位体在后。不同配位体的名称之间还要用中圆点分开。

例如，[CoCl(NH$_3$)$_5$]Cl$_2$ 命名为二氯化一氯·五氨合钴（Ⅲ），K[Co(NO$_2$)$_4$(NH$_3$)$_2$] 命名为四硝基·二氨合钴（Ⅲ）酸钾。

配位化合物也有酸、碱、盐之分，其命名也遵循无机化合物命名原则，如表 9-2 所示。

表 9-2　配合物的酸、碱、盐命名原则

配合物	特征组成		命名	举例
	内界	外界		
配位酸	配阴离子	氢离子	某酸	H$_2$[CuCl$_4$]四氯合铜（Ⅱ）酸
配位碱	配阳离子	氢氧根	氢氧化某	[Zn(NH$_3$)$_4$](OH)$_2$ 氢氧化四氨合锌（Ⅱ）
配位盐	配阳离子	复杂酸根离子	某酸某	[Cu(NH$_3$)$_4$]SO$_4$ 硫酸四氨合铜（Ⅱ）
	配阴离子	金属阳离子		K$_2$[HgI$_4$]四碘合汞（Ⅱ）酸钾
	配阳离子	简单阴离子	某化某	[Ag(NH$_3$)$_2$]Cl 氯化二氨合银（Ⅰ）

常见的配合物除了按照命名原则命名外，有的还沿用习惯命名和俗名。如 K$_4$[Fe(CN)$_6$]，习惯称为亚铁氰化钾，俗名黄血盐；K$_3$[Fe(CN)$_6$] 命名为六氰合铁（Ⅲ）酸钾，习惯称为铁氰化钾，俗名赤血盐。

练一练

请按照配合物命名规则，对下列物质进行命名。

（1）配合物 $[Ag(NH_3)_2]OH$ 命名为 _____；

（2）配合物 $K_3[Fe(CN)_6]$ 命名为 _____。

拓展提升

配位化学发展简介

最早记载的配合物是一种叫作普鲁士蓝的染料。1704 年普鲁士染料厂的一位工人把兽皮或牛血和碳酸钠在铁锅中一起煮沸，得到一种蓝色的染料，后来经详细研究即为 $Fe_4[Fe(CN)_6]_3$。但是，使用配合物作为染料，在我国从周朝就开始了，比普鲁士蓝的发现早两千多年。《诗经》中有"缟衣茹藘（绛红色佩巾的代称）""茹藘在阪"这样的记载。"茹藘"就是茜草，当时用茜草的根和黏土或白矾制成牢度很好的红色染料，后来称为茜素染料。这就是存在于茜草根中的二(羟基)蒽醌和黏土（或白矾）中的铝和钙离子生成的红色配合物，这是最早的媒染染料。

关于配合物的最早的研究是在 1798 年法国塔索尔特观察到亚钴盐在氯化铵和氨水溶液中转变为 $CoCl_3 \cdot 6NH_3$ 的实验。塔索尔特是位分析化学家，他研究在盐酸介质中如何用 NaOH 使 Co^{2+} 沉淀为 $Co(OH)_2$，再由 $Co(OH)_2$ 灼烧成 CoO 以测定钴的含量。在用氨水代替 NaOH 时发现了橘黄色的晶体 $[Co(NH_3)_6]Cl_3$。

配位化学的奠基人是瑞士的维尔纳。1893 年，他总结了前人的理论，首次提出了现代的配位键、配位数和配位化合物结构等一系列基本概念，是第一个认识到金属离子可以通过不止一种"原子价"同其他分子或离子相结合以生成相当稳定的复杂物类的伟大科学家。自此，配位化学才有了本质上的发展。维尔纳也被称为"配位化学之父"，并因此获得了 1913 年的诺贝尔化学奖。

在维尔纳之后，有人研究配合物形成和它们参与的反应；有人则研究配位结合和配合物结构的本质。很快配位化学就成为无机化学研究中的一个主要方向，成为无机化学与物理化学、有机化学、生物化学和环境科学等相互渗透、交叉新兴的学科。

第二节 配合物的应用

学习导航

　　现代配位化学所涉及的领域非常多，在日常生活、工业生产及生命科学等诸多方面都有广泛的应用。因此人们对于配合物的研究也越来越深入。本小节仅在分析化学、工业生产、生物化学等方面的应用作扼要介绍。

看一看

分析化学

工业生产

生物化学

一、在分析化学中的应用

1. 离子鉴定

常用配合物或配离子的特征颜色鉴别某些离子。

在含有 Fe^{3+} 的溶液中滴入 KSCN 溶液，生成 $[Fe(SCN)_6]^{3-}$，呈血红色。

$$Fe^{3+} + 6SCN^- \longrightarrow [Fe(SCN)_6]^{3-}$$

　　　（淡黄色）　　　　　　　　（血红色）

在含有 Cu^{2+} 的溶液中加入 NH_3，生成深蓝色的 $[Cu(NH_3)_4]^{2+}$ 配离子。

$$Cu^{2+} + 4NH_3 \longrightarrow [Cu(NH_3)_4]^{2+}$$

　　　（蓝色）　　　　　　　　（深蓝色）

2. 消除干扰离子

常用生成配合物来消除分析实验中杂质离子的干扰。

如在比色法测定 Co^{2+} 时，常使用 NH_4SCN，但若有 Fe^{3+} 存在，则会干扰鉴定，因此通常会加入 F^- 作为掩蔽剂，使 Fe^{3+} 生成无色的稳定配离子 $[FeF_6]^{3-}$，以消除 Fe^{3+} 干扰。常见的可用于多种金属离子定性定量测定的掩蔽剂还有 EDTA。

二、在工业生产上的应用

1. 湿法冶金

湿法冶金就是用特殊的水溶液直接从矿石中将金属以化合物的形式浸取出来，再进一步还原为金属的过程。

比如湿法冶金中提取贵金属，通过形成配合物可以从矿石中提取金。将黄金含量很低的矿石用 NaCN 溶液浸渍，并通入空气，可以将矿石中的金溶解与其不溶物分离，再用 Zn 粉作还原剂置换得到单质金。

$$4Au + 8CN^- + 2H_2O + O_2 \longrightarrow 4[Au(CN)_2]^- + 4OH^-$$
$$Zn + 2[Au(CN)_2]^- \longrightarrow 2Au + [Zn(CN)_4]^{2-}$$

2. 电镀

电镀是通过电解使阴极上析出均匀、致密、光亮的金属层的过程。许多金属制件，常用电镀法镀上一层既耐腐蚀、又增加美观的 Zn、Cu、Ni、Cr、Ag 等金属。在电镀时必须控制电镀液中的上述金属离子以很小的浓度，并使它在作为阴极的金属制件上源源不断地放电沉积，才能得到均匀、致密、光洁的镀层。配合物能较好地达到此要求。以往电镀上常用 CN^- 作配体，可以与上述金属离子形成稳定性适度的配离子。但是，由于含氰废电镀液有剧毒、容易污染环境，造成公害。所以，近年来多采用焦磷酸盐、柠檬酸、氨三乙酸等作配位剂代替氰化物，并已逐步建立无毒电镀新工艺。

配合物还广泛用于有机合成方面，如催化剂、药物合成等，再如原子能、半导体、激光材料、太阳能贮存等高科技领域，环境保护、印染、鞣革等部门也都与配合物有关。配合物的研究与应用，无疑具有广阔的前景。

3. 配位催化

催化反应的机理常会涉及配位化合物中间体，比如合成氨工业中用醋酸二氨合铜除去一氧化碳，有机金属催化剂催化烯烃的聚合反应或寡合催化反应，以及不对称催化于药物的制备。

化工生产、污水处理、汽车尾气处理、模拟生物固氮都需要一些特殊性能的配合物作催化剂。

三、在生物化学上的应用

　　生物学中，很多生物分子都是配合物，例如在植物生长中起光合作用的叶绿素，是一种镁的配合物；维生素 B_{12} 是一种含钴的配合物。人体内各种酶（生物催化剂）的分子几乎都含有以配合状态存在的金属元素，像含铁的血红蛋白与氧气和一氧化碳的结合，很多酶及含镁的叶绿素的正常运作都离不开配合机理。

 拓展提升

配合物在化妆品中的应用

1. 铜及其配合物

国内外已把活性成分为铜的超氧化物歧化酶（SOD）加入化妆品中。经临床验证和长期使用表明，SOD 作为化妆品的优质添加剂，能透过皮肤吸收，可保存其活性，不仅有抗皱、祛斑、去色素等作用，还有抗炎、防晒、延缓皮肤衰老的作用。其作用机理是基于活性部位铜能清除体内自由基。氧自由基能引起脂质过氧化，并与蛋白质交联，产生不溶性蛋白质，导致结缔组织中胶原蛋白的胶原变韧、长度缩短，使皮肤失去膨胀力即产生皱纹；此外，过氧化脂质在氧化酶的作用下能分解成丙二醛等物质，并与磷酸酰乙醇胺交联生成黄色色素，然后再与蛋白质、核酸等物质形成紫褐质即所谓老年斑。因此，防止自由基清除剂的 SOD，必须在机体内不断补充外源 SOD 才能有效防止或延缓上述过程的发生。

2. 硒及其配合物

硒的代谢与人体需要的维生素 E 有关，它防止过氧化物对细胞质膜的多不饱和脂肪酸的作用，大大减少所需维生素 E 的量，保持膜的完整性。在化妆品中，用硒-蛋白质配合物作为防晒剂或护肤产品中的抗氧化剂，其配合物的蛋白质部分将增加产品湿润性和增加亲和性，有助于使硒结合到上层皮肤上。此外，硒的硫化物还是头皮脂溢有效的处理剂。

3. 锗及其配合物

有机锗化妆品 20 世纪 80 年代初兴起于日本，随着研究逐渐深入，应用种类也不断扩大，主要以氨基酸锗氧化物为多。资料表明，这类化妆品不仅作用于皮肤的表面，而且通过微血管、皮下细胞作用于更深层，更能有效地发挥化妆品中各组分的作用。有学者对有机锗进行过多指标的抗衰老试验，结果表明，它具有抗氧化剂能力，在很大程度上防止脂质过氧化，从而有助于保护机体，延缓衰老。它还能明显减少皮肤中不溶性胶原的含量，维持皮肤的弹性，减缓皱纹的出现。此外，有机锗还有较好的增白美容保青春效果，对分娩或日照引起的异常色素沉着斑有消除作用，还可治疗痤疮、湿疹和腋臭。

探究实验　银镜反应

银镜反应实验，需要使用银氨溶液。

1. 写出配制银氨溶液过程_____

_____

2. 实验现象_____

3. 反应方程式_____

本章小结

一、配位化合物的基本概念

1. 配合物的定义。配合物是含有配离子或配合分子的化合物。配离子或配合分子是由中心离子（通常是金属离子）和配位体组成的，它们之间以配位键结合。配离子习惯上也称配合物，它可以是阳离子，也可以是阴离子。

2. 配合物的组成。配合物一般是由内界和外界组成。方括号内是配合物的内界，它是配合物的特征部分，由中心离子（或原子）和配位体组成的配离子（或配分子）。不在内界的其他离子是配合物的外界，外界为一般离子。

中心离子（或原子）：配合物的形成体。

配位体：在配离子（或配分子）内，同中心离子结合的中性分子或离子。

配位数：配位原子的数目。

配离子的电荷：中心离子的电荷与配位体的总电荷的代数和。

3. 配合物的命名。配离子的命名原则；配合物的命名也有酸、碱、盐之分。

二、配合物的应用

配合物在分析化学、工业生产、生物医药等方面都有广泛应用。

习题

一、填空题

1. 配合物是＿＿＿＿＿＿＿＿＿＿＿＿＿＿＿＿＿＿＿＿＿＿。配离子或配合分子是由＿＿＿＿＿＿＿＿＿和＿＿＿＿＿＿组成的，它们之间以＿＿＿＿＿＿＿＿＿＿结合。配离子习惯上也称＿＿＿＿＿＿＿，它可以是＿＿＿＿离子，也可以是＿＿＿＿离子。

2. 配合物一般是由＿＿＿＿和＿＿＿＿组成。方括号内是配合物的＿＿＿＿，它是配合物的特征部分，由＿＿＿＿＿＿＿＿＿＿＿＿＿＿和＿＿＿＿＿＿＿＿组成的配离子（或配分子）。不在内界的其他离子是配合物的＿＿＿＿＿，外界为一般离子。

3. 位于配离子中心的带正电荷的离子叫＿＿＿＿，在配离子内同中心离子结合的中性分子或离子叫＿＿＿＿，在配位体中直接和中心离子以配位键相结合的原子称为＿＿＿＿。

4. 填写下表

配合物	内界	外界	中心离子	配位体	配位原子	配位数
$[Ag(NH_3)_2]OH$						
$[Ni(CO)_4]$						
$K_2[Zn(OH)_4]$						

二、写出下列配合物（或配离子）的化学式

1. 四氯合汞（Ⅱ）酸钾

2. 二氯化一氯·五氨合钴（Ⅲ）

3. 硫酸四氨合铜（Ⅱ）

4. 六氯合铂（Ⅳ）酸钾

三、对下列配合物进行命名

1. $[Co(NH_3)_6]Cl_3$

2. $Zn(NH_3)_4SO_4$

3. $[Co(NH_3)_5Cl]Cl_2$

4. $K_2[Zn(OH)_4]$

习题参考答案

第一章　物质结构

一、选择题

1. D；2. B；3. B；4. C；5. C；6. D；7. C；8. C；9. B；10. D；11. D；12. C；13. A；14. D；15. D。

二、填空题

1. 92、92、143、235、同位素；2. 原子核、核外电子、质子、中子、质子、电子；3. 相邻、两个原子或多个原子、强烈的相互作用、强烈的静电作用、离子键；4. 共用电子对、共价键、水（合理即可）、正四面体；5. +9)2)7、+16)2)8)8、+11)2)8、H:$\overset{..}{\underset{..}{Cl}}$:。

三、简答题

略

四、推断题

（1）H、C、N、O；（2）NH_3；（3）极性共价键、H—O—H；

（4）HNO_3 或 H_2CO_3 或 HCN。

第二章　元素周期律和元素周期表

一、选择题

1. D；2. C；3. A；4. C；5. C。

二、填空题

1. 元素周期表、俄国、门捷列夫；2. 增强、减弱、减弱、增强、左下、右上；

3. 周期、族、七、1～3、4～7、8、ⅧA；4. 7、F、HXO_4；5. （1）O、+17)2)8)7（2）Na_2S；6. 七、ⅥA、7、6、金属。

三、综合题

（1）⊕16 286、得到；（2）三、五；（3）金属、80、2、六。

第三章　重要的非金属元素

一、选择题

1. A；2. C；3. B；4. B；5. C；6. C；7. C；8. C；9. A；10. C。

二、填空题

1. ⊕17 287、得到1、8、黄绿、向上排空气法、NaOH；2. F Cl Br I、七主、

I、F、F_2；3. 无、有刺激性、能、氢硫酸、$2H_2S + 3O_2$（充足）$\xrightarrow{\text{点燃}}$ $2SO_2 + 2H_2O$；

4. 吸水、脱水、强氧化；

5. 无、极易、红、蓝、碱、熟石灰、氯化铵；

6. 二、化合、玻璃成分中的二氧化硅会与碱液反应生成硅酸钠，硅酸钠具有黏性，时间久了会使玻璃塞和瓶身黏在一起。

三、简答题

略

第四章　重要的金属元素

一、选择题

1. C；2. B；3. A；4. C；5. D；6. D。

二、填空题

1. 烧碱、火碱、纯碱、苏打、小苏打；2. 游离、化合、Na的化学活动性非常活泼；3. 镁与氧气反应生成的氧化镁薄膜非常致密，能阻止内部的镁进一步氧化；4. 白色、难、O_2、$4Fe(OH)_2 + O_2 + 2H_2O \longrightarrow 4Fe(OH)_3$。

三、计算题

2.52g；1.59g；1.89g。

第五章　物质的量

一、选择题

1. D；2. A；3. D；4. B、D；5. C；6. D；7. B；8. C；9. A。

二、填空题

1. n、mol、M、g/mol、V_m、L/mol、c、mol/L；2. 6.02×10^{23}、$1.204 \times$

10^{24}、$6.02×10^{23}$；3. $1:4:4$；4. 40；5. ①③②；6. 1.5mol、25.5g；7. 1mol、22.4L、$6.02×10^{23}$、$1.204×10^{24}$、$6.02×10^{23}$；8. 0.5mol/L；9. 0.1mol。

三、计算题

1.（1）0.1mol；（2）40mol；（3）1.75mol；（4）0.204mol；（5）0.014mol；

2.（1）10.6g；（2）35.7g；（3）300g；（4）1.4g；（5）162.5g；

3. 18.4mol/L；4. 44；5. 0.3mol/L；6. 0.2mol/L；7. 0.075mol/L；8. 60%；

9. 70.28%；10.（1）100t；（2）$2.1×10^5 m^3$。

第六章　化学反应速率和化学平衡

一、选择题

1. D；2. B；3. A；4. A；5. B；6. C。

二、填空题

1. 用单位时间内反应物浓度的减少或生成物浓度的增加来表示；2. 浓度、压强、温度、催化剂；3. 在外界条件不变时，当可逆反应进行到一定程度时，正、逆反应速率相等时的状态；4. 0.05mol/(L·min)、0.075mol/(L·min)；

5.（1）$K=\dfrac{[NH_4^+][OH^-]}{[NH_3·H_2O]}$；（2）$K=\dfrac{[H^+][CH_3COO^-]}{[CH_3COOH]}$；（3）$K=\dfrac{[CO][H_2]}{[H_2O]}$；

6.（1）减小　（2）不变　（3）增加　（4）不变；

三、计算题

1. 0.37；2.9。

四、简答题

略

第七章　电解质溶液

一、选择题

1. A、D；2. A；3. B；4. C；5. C；6. C；7. C；8. A；9. D；10. A。

二、判断题

1.～8. ××× √ √ √ √ ×。

三、填空题

1. 导电、导电、非电解质、电离为自由移动离子；2. 硫酸＞盐酸＞乙酸；

3. 黄色、紫色、无色；

4.（1）$CaCO_3+2H^+ \longrightarrow Ca^{2+}+H_2O+CO_2\uparrow$

（2）$Fe^{3+}+3OH^- \longrightarrow Fe(OH)_3\downarrow$

（3）$Cl_2+2I^- \longrightarrow I_2+2Cl^-$

(4) $HAc + OH^- \longrightarrow Ac^- + H_2O$

(5) $Zn + 2H^+ \longrightarrow Zn^{2+} + H_2 \uparrow$

5. 略

四、计算题

1. 1.3%；2. $pH=13.7$；$pH=0.7$；$pH=10.5$；3. $pH=7$。

五、综合题

(1) Cu^{2+} 和 Fe^{3+}；(2) Ag^+、$Ag^+ + Cl^- \longrightarrow AgCl\downarrow$；(3) Mg^{2+}；(4) B。

第八章　氧化还原反应和电化学基础

一、选择题

1. D；2. C；3. B；4. C；5. A；6. 氧化、B；7. C；8. C；9. A。

二、请分别用单线桥法和双线桥法来表示下列氧化还原反应

略

三、配平下列反应方程式

1. $MnO_2 + 4HCl(浓) \xrightarrow{\triangle} MnCl_2 + 2H_2O + Cl_2 \uparrow$

2. $6H_2SO_4(浓) + 2Fe \xrightarrow{\triangle} Fe_2(SO_4)_3 + 3SO_2 \uparrow + 6H_2O$

3. $3Cu + 8HNO_3(稀) \xrightarrow{\triangle} 3Cu(NO_3)_2 + 2NO \uparrow + 4H_2O$

4. $Cl_2 + 2NaOH \longrightarrow NaClO + NaCl + H_2O$

5. $Cu + 4HNO_3(浓) \longrightarrow Cu(NO_3)_2 + 2NO_2 \uparrow + 2H_2O$

第九章　配位化合物简介

一、填空题

1. 含有配离子或配合分子的化合物、中心离子（通常是金属离子）、配位体、配位键、配合物、阳、阴；2. 内界、外界、内界、中心离子（或原子）、配位体、外界；3. 中心离子、配位体、配位原子。

4.

配合物	内界	外界	中心离子	配位体	配位原子	配位数
$[Ag(NH_3)_2]OH$	$[Ag(NH_3)]^+$	OH^-	Ag^+	NH_3	N	2
$[Ni(CO)_4]$	$[Ni(CO)_4]$		Ni^{2+}	CO	C	4
$K_2[Zn(OH)_4]$	$[Zn(OH)_4]$	K^+	Zn^{2+}	OH^-	O	4

二、写出下列配合物（或配离子）的化学式

1. $K_2[HgI_4]$；2. $[Co(NH_3)_5Cl]Cl_2$；3. $[Cu(NH_3)_4]SO_4$；4. $K_4[PtCl_6]$。

三、对下列配合物进行命名

1. 氯化六氨合钴（Ⅲ）；2. 硫酸四氨合锌；3. 二氯化一氯·五氨合钴（Ⅲ）；4. 四羟基合锌（Ⅱ）酸钾。

附录 →→→

一、常见弱酸、弱碱的电离常数（25℃）

弱电解质	化学式	电离常数	弱电解质	化学式	电离常数
次氯酸	HClO	3.2×10^{-8}	甲酸	HCOOH	1.77×10^{-4}
氢氰酸	HCN	6.2×10^{-10}	乙酸	CH_3COOH	1.76×10^{-5}
氢氟酸	HF	6.6×10^{-4}	氯乙酸	$ClCH_2OOH$	1.40×10^{-3}
碳酸	H_2CO_3	$K_{a1} = 4.2 \times 10^{-7}$ $K_{a2} = 5.61 \times 10^{-11}$	草酸	$(COOH)_2$	$K_{a1} = 5.4 \times 10^{-2}$ $K_{a2} = 5.4 \times 10^{-5}$
氢硫酸	H_2S	$K_{a1} = 5.70 \times 10^{-8}$ $K_{a2} = 7.10 \times 10^{-15}$	苯甲酸	C_6H_5COOH	6.46×10^{-5}
			苯胺	$C_6H_5NH_2$	4.27×10^{-10}
亚硫酸	H_2SO_3	$K_{a1} = 1.26 \times 10^{-2}$ $K_{a2} = 6.3 \times 10^{-8}$	氨水	$NH_3 \cdot H_2O$	1.8×10^{-5}
			羟胺	NH_2OH	9.12×10^{-9}

二、酸、碱、盐溶解性表

阳离子	阴离子								
	OH^-	NO_3^-	Cl^-	SO_4^{2-}	S^{2-}	SO_3^{2-}	CO_3^{2-}	SiO_3^{2-}	PO_4^{3-}
H^+		溶、挥	溶、挥	溶	溶、挥	溶、挥	溶、挥	微	溶
NH_4^+	溶、挥	溶	溶	溶	溶	溶	溶	溶	溶
K^+	溶	溶	溶	溶	溶	溶	溶	溶	溶
Na^+	溶	溶	溶	溶	溶	溶	溶	溶	溶
Ba^{2+}	溶	溶	溶	不	—	不	不	不	不
Ca^{2+}	微	溶	溶	微	—	不	不	不	不
Mg^{2+}	不	溶	溶	溶	—	微	微	不	不
Al^{3+}	不	溶	溶	溶	—	—	—	不	不

阳离子	阴离子								
	OH^-	NO_3^-	Cl^-	SO_4^{2-}	S^{2-}	SO_3^{2-}	CO_3^{2-}	SiO_3^{2-}	PO_4^{3-}
Zn^{2+}	不	溶	溶	溶	不	不	不	不	不
Fe^{2+}	不	溶	溶	溶	不	不	不	不	不
Fe^{3+}	不	溶	溶	溶	—	—	不	不	不
Cu^{2+}	不	溶	溶	溶	不	不	不	不	不
Ag^+	—	溶	不	微	不	不	不	不	不

注："溶"表示那种物质可溶于水，"不"表示不溶于水，"微"表示微溶于水，"挥"表示具有挥发性，"—"表示那种物质不存在或遇到水就分解。

三、标准电极电势（298.15K）

1. 在酸性溶液中

电对	方程式	$\varphi^\ominus/V$
Mg^{2+}/Mg	$Mg^{2+} + 2e \longrightarrow Mg$	-2.37
Mn^{2+}/Mn	$Mn^{2+} + 2e \longrightarrow Mn$	-1.17
Zn^{2+}/Zn	$Zn^{2+} + 2e \longrightarrow Zn$	-0.76
AgI/Ag	$AgI + e \longrightarrow Ag + I^-$	-0.15
Pb^{2+}/Pb	$Pb^{2+} + 2e \longrightarrow Pb$	-0.13
H^+/H_2	$2H^+ + 2e \longrightarrow H_2$	0.00
Cu^{2+}/Cu	$Cu^{2+} + 2e \longrightarrow Cu$	0.34
Fe^{3+}/Fe^{2+}	$Fe^{3+} + e \longrightarrow Fe^{2+}$	0.77
$Cr_2O_7^{2-}/Cr^{3+}$	$Cr_2O_7^{2-} + 14H^+ + 6e \longrightarrow 2Cr^{3+} + 7H_2O$	1.33
Cl_2/Cl^-	$Cl_2 + 2e \longrightarrow 2Cl^-$	1.36
MnO_4^-/Mn^{2+}	$MnO_4^- + 8H^+ + 5e \longrightarrow Mn^{2+} + 4H_2O$	1.51
$PbO_2/PbSO_4$	$PbO_2 + SO_4^{2-} + 4H^+ + 2e \longrightarrow PbSO_4 + 2H_2O$	1.69

2. 在碱性溶液中

电对	方程式	$\varphi^\ominus/V$
$Mg(OH)_2/Mg$	$Mg(OH)_2 + 2e \longrightarrow Mg + 2OH^-$	-2.69
$[Zn(CN)_4]^{2-}/Zn$	$[Zn(CN)_4]^{2-} + 2e \longrightarrow Zn + 4CN^-$	-1.26
$[Zn(NH_3)_4]^{2+}/Zn$	$[Zn(NH_3)_4]^{2+} + 2e \longrightarrow Zn + 4NH_3$	-1.04
$Fe(OH)_3/Fe(OH)_2$	$Fe(OH)_3 + e \longrightarrow Fe(OH)_2 + OH^-$	-0.56
$[Ag(NH_3)_2]^+/Ag$	$[Ag(NH_3)_2]^+ + e \longrightarrow Ag + NH_3$	0.37
O_2/OH^-	$O_2 + 2H_2O + 4e \longrightarrow 4OH^-$	0.41

参 考 文 献

[1] 章红，陈晓峰．化学工艺概论．北京：化学工业出版社，2010.

[2] 陈艾霞，杨龙．化学．北京：化学工业出版社，2009.

[3] 赵燕．无机化学．北京：化学工业出版社，2002.

[4] 陈君丽．无机化学基础．北京：化学工业出版社，2007.

[5] 刘尧．化学．北京：高等教育出版社，2010.

[6] 朱永泰，张振宇．化学．2版．北京：化学工业出版社，2011.

[7] 张健．无机化学．北京：化学工业出版社，2010.

[8] 董敬芳．无机化学．4版．北京：化学工业出版社，2007.

[9] 骆仁新．化学——点石成金从这里开始．北京：化学工业出版社，2012.

[10] 徐金娟．化学基础．北京：化学工业出版社，2013.

[11] 唐利平．无机化学．北京：化学工业出版社，2011.

[12] 党信，苏红伟．无机化学．3版．北京：化学工业出版社，2012.

[13] 王建梅，旷英姿．无机化学．2版．北京：化学工业出版社，2009.

[14] 林俊杰，王静．无机化学．3版．北京：化学工业出版社，2012.

[15] 古国榜，谷云骊．无机化学．北京：化学工业出版社，1998.

[16] 胡伟光．无机化学．4版．北京：化学工业出版社，2021.

[17] 傅献彩．大学化学．北京：高等教育出版社，1999.

[18] 林俊杰．无机化学实验．2版．北京：化学工业出版社，2011.

[19] 贺红举，陈启文．化学基础．北京：化学工业出版社，2007.

元 素 周 期 表

电子层

IUPAC 2013

图例说明：

原子序数
元素符号(红色的为放射性元素)
元素名称(注★的为人造元素)
价层电子构型

95
Am 镅 ^
5f^{7}7s^2
243.06138(2)$^+$

氧化态(单质的氧化态为0，
未列入；常见的为红色)
以 ^{12}C=12 为基准的原子量
(注◆的是半衰期最长同位
素的原子量)

s区元素	p区元素	ds区元素 稀有气体
d区元素	f区元素	

族 周期	1 IA	2 IIA	3 IIIB	4 IVB	5 VB	6 VIB	7 VIIB	8	9 VIIIB(VIII)	10	11 IB	12 IIB	13 IIIA	14 IVA	15 VA	16 VIA	17 VIIA	18 VIIIA(0)
1	1 H 氢 1s^1 1.008																	2 He 氦 1s^2 4.002602(2)
2	3 Li 锂 2s^1 6.94	4 Be 铍 2s^2 9.0121831(5)											5 B 硼 2s^{2}2p^1 10.81	6 C 碳 2s^{2}2p^2 12.011	7 N 氮 2s^{2}2p^3 14.007	8 O 氧 2s^{2}2p^4 15.999	9 F 氟 2s^{2}2p^5 18.998403163(6)	10 Ne 氖 2s^{2}2p^6 20.1797(6)
3	11 Na 钠 3s^1 22.98976928(2)	12 Mg 镁 3s^2 24.305											13 Al 铝 3s^{2}3p^1 26.9815385(7)	14 Si 硅 3s^{2}3p^2 28.085	15 P 磷 3s^{2}3p^3 30.973761998(5)	16 S 硫 3s^{2}3p^4 32.06	17 Cl 氯 3s^{2}3p^5 35.45	18 Ar 氩 3s^{2}3p^6 39.948(1)
4	19 K 钾 4s^1 39.0983(1)	20 Ca 钙 4s^2 40.078(4)	21 Sc 钪 3d^{1}4s^2 44.955908(5)	22 Ti 钛 3d^{2}4s^2 47.867(1)	23 V 钒 3d^{3}4s^2 50.9415(1)	24 Cr 铬 3d^{5}4s^1 51.9961(6)	25 Mn 锰 3d^{5}4s^2 54.938044(3)	26 Fe 铁 3d^{6}4s^2 55.845(2)	27 Co 钴 3d^{7}4s^2 58.933194(4)	28 Ni 镍 3d^{8}4s^2 58.6934(4)	29 Cu 铜 3d^{10}4s^1 63.546(3)	30 Zn 锌 3d^{10}4s^2 65.38(2)	31 Ga 镓 4s^{2}4p^1 69.723(1)	32 Ge 锗 4s^{2}4p^2 72.630(8)	33 As 砷 4s^{2}4p^3 74.921595(6)	34 Se 硒 4s^{2}4p^4 78.971(8)	35 Br 溴 4s^{2}4p^5 79.904	36 Kr 氪 4s^{2}4p^6 83.798(2)
5	37 Rb 铷 5s^1 85.4678(3)	38 Sr 锶 5s^2 87.62(1)	39 Y 钇 4d^{1}5s^2 88.90584(2)	40 Zr 锆 4d^{2}5s^2 91.224(2)	41 Nb 铌 4d^{4}5s^1 92.90637(2)	42 Mo 钼 4d^{5}5s^1 95.95(1)	43 Tc 锝 4d^{5}5s^2 97.90721(3)$^+$	44 Ru 钌 4d^{7}5s^1 101.07(2)	45 Rh 铑 4d^{8}5s^1 102.90550(2)	46 Pd 钯 4d^{10} 106.42(1)	47 Ag 银 4d^{10}5s^1 107.8682(2)	48 Cd 镉 4d^{10}5s^2 112.414(4)	49 In 铟 5s^{2}5p^1 114.818(1)	50 Sn 锡 5s^{2}5p^2 118.710(7)	51 Sb 锑 5s^{2}5p^3 121.760(1)	52 Te 碲 5s^{2}5p^4 127.60(3)	53 I 碘 5s^{2}5p^5 126.90447(3)	54 Xe 氙 5s^{2}5p^6 131.293(6)
6	55 Cs 铯 6s^1 132.90545196(6)	56 Ba 钡 6s^2 137.327(7)	57~71 La~Lu 镧系	72 Hf 铪 5d^{2}6s^2 178.49(2)	73 Ta 钽 5d^{3}6s^2 180.94788(2)	74 W 钨 5d^{4}6s^2 183.84(1)	75 Re 铼 5d^{5}6s^2 186.207(1)	76 Os 锇 5d^{6}6s^2 190.23(3)	77 Ir 铱 5d^{7}6s^2 192.217(3)	78 Pt 铂 5d^{9}6s^1 195.084(9)	79 Au 金 5d^{10}6s^1 196.966569(5)	80 Hg 汞 5d^{10}6s^2 200.592(3)	81 Tl 铊 6s^{2}6p^1 204.38	82 Pb 铅 6s^{2}6p^2 207.2(1)	83 Bi 铋 6s^{2}6p^3 208.98040(1)	84 Po 钋 6s^{2}6p^4 208.98243(2)$^+$	85 At 砹 6s^{2}6p^5 209.98715(5)$^+$	86 Rn 氡 6s^{2}6p^6 222.01758(2)$^+$
7	87 Fr 钫 7s^1 223.01974(2)$^+$	88 Ra 镭 7s^2 226.02541(2)$^+$	89~103 Ac~Lr 锕系	104 Rf 𬬻 6d^{2}7s^2 267.122(4)$^+$	105 Db 𬭊 6d^{3}7s^2 270.131(4)$^+$	106 Sg 𬭳 6d^{4}7s^2 269.129(3)$^+$	107 Bh 𬭛 6d^{5}7s^2 270.133(2)$^+$	108 Hs 𬭶 6d^{6}7s^2 270.134(2)$^+$	109 Mt 䥑 6d^{7}7s^2 278.156(5)$^+$	110 Ds 𫟼 6d^{8}7s^2 281.165(4)$^+$	111 Rg 𬬭 6d^{9}7s^2 281.166(6)$^+$	112 Cn 鿔 6d^{10}7s^2 285.177(4)$^+$	113 Nh 鉨 286.182(5)$^+$	114 Fl 𫓧 289.190(4)$^+$	115 Mc 镆 289.194(6)$^+$	116 Lv 𫟷 293.204(4)$^+$	117 Ts 鿬 293.208(6)$^+$	118 Og 鿫 294.214(5)$^+$

镧系 ★

57 La 镧 5d^{1}6s^2 138.90547(7)	58 Ce 铈 4f^{1}5d^{1}6s^2 140.116(1)	59 Pr 镨 4f^{3}6s^2 140.90766(2)	60 Nd 钕 4f^{4}6s^2 144.242(3)	61 Pm 钷 4f^{5}6s^2 144.91276(2)$^+$	62 Sm 钐 4f^{6}6s^2 150.36(2)	63 Eu 铕 4f^{7}6s^2 151.964(1)	64 Gd 钆 4f^{7}5d^{1}6s^2 157.25(3)	65 Tb 铽 4f^{9}6s^2 158.92535(2)	66 Dy 镝 4f^{10}6s^2 162.500(1)	67 Ho 钬 4f^{11}6s^2 164.93033(2)	68 Er 铒 4f^{12}6s^2 167.259(3)	69 Tm 铥 4f^{13}6s^2 168.93422(2)	70 Yb 镱 4f^{14}6s^2 173.045(10)	71 Lu 镥 4f^{14}5d^{1}6s^2 174.9668(1)

锕系 ★

89 Ac 锕 6d^{1}7s^2 227.02775(2)$^+$	90 Th 钍 6d^{2}7s^2 232.0377(4)	91 Pa 镤 5f^{2}6d^{1}7s^2 231.03588(2)	92 U 铀 5f^{3}6d^{1}7s^2 238.02891(3)	93 Np 镎 5f^{4}6d^{1}7s^2 237.04817(2)$^+$	94 Pu 钚 5f^{6}7s^2 244.06421(4)$^+$	95 Am 镅 5f^{7}7s^2 243.06138(2)$^+$	96 Cm 锔 5f^{7}6d^{1}7s^2 247.07035(3)$^+$	97 Bk 锫 5f^{9}7s^2 247.07031(4)$^+$	98 Cf 锎 5f^{10}7s^2 251.07959(3)$^+$	99 Es 锿 5f^{11}7s^2 252.0830(3)$^+$	100 Fm 镄 5f^{12}7s^2 257.09511(5)$^+$	101 Md 钔 5f^{13}7s^2 258.09843(3)$^+$	102 No 锘 5f^{14}7s^2 259.1010(7)$^+$	103 Lr 铹 5f^{14}6d^{1}7s^2 262.110(2)$^+$